U0168460

职业教育数字媒体应用专业创新型系列教材

动画与影视后期制作
——After Effects CC 2018 技能应用教程

主　编　张治平　　王铁军
副主编　方智锋　　刘轩林

科 学 出 版 社
北 京

内 容 简 介

本书以就业为导向，采用"任务—案例"驱动方式进行编写，详细介绍了影视后期制作所需的基本技术和实用技巧，让读者掌握使用 After Effects CC 2018 软件进行视频后期制作以实现设计者预期镜头效果的方法。本书案例生动、实用、有趣，以达到"学生乐学、教师易教"的目的。本书共 10 个单元，分别是：影视制作基础与 After Effects CC 2018、制作简单动画视频、遮罩在视频中的应用、影视特效的应用、制作影视字幕、使用影视转场、影视音频处理、制作 3D 影视效果、表达式在视频中的应用及视频的跟踪与稳定。本书配有视频教程、课件及素材的教材资源包。

本书既可作为职业院校计算机相关专业影视后期制作课程的教材，也可作为影视后期制作职业技能培训的教材。

图书在版编目（CIP）数据

动画与影视后期制作：After Effects CC 2018 技能应用教程/张治平，王铁军主编. —北京：科学出版社，2021.6
ISBN 978-7-03-067663-4

Ⅰ. ①动… Ⅱ. ①张… ②王… Ⅲ. ①视频编辑软件-职业教育-教材 ②图像处理软件-职业教育-教材 Ⅳ. ①TN94 ②TP391.413

中国版本图书馆 CIP 数据核字（2020）第 269480 号

责任编辑：陈砺川 都 岚 / 责任校对：赵丽杰
责任印制：吕春珉 / 封面设计：东方人华平面设计部

科学出版社 出版
北京东黄城根北街 16 号
邮政编码：100717
http://www.sciencep.com

北京鑫丰华彩印有限公司印刷
科学出版社发行 各地新华书店经销
*

2021 年 6 月第 一 版 开本：787×1092 1/16
2021 年 6 月第一次印刷 印张：17 3/4
字数：419 000

定价：49.00 元
（如有印装质量问题，我社负责调换〈鑫丰华〉）
销售部电话 010-62134988 编辑部电话 010-62135763-1028

序

当今世界，以信息技术为代表的科技创新日新月异，深刻改变着人类社会的生产生活形态。信息技术的飞速发展，特别是互联网、大数据、物联网和人工智能等新一代信息技术与人类生产、生活深度融合，催生出现实空间与虚拟空间并存的信息社会，构建出智慧社会的发展前景。信息技术已成为支持经济社会转型发展的主要驱动力，是建设创新型国家、制造强国、网络强国、数字中国、智慧社会的基础支撑。

职业教育作为一种类型教育，一直为我国经济社会发展提供着重要的人才和智力支撑。随着我国进入新的发展阶段，产业升级和经济结构调整不断加快，各行各业对技术技能人才的需求越来越紧迫，职业教育的重要地位和作用越来越凸显。随着产业的转型升级和技术的更新迭代，技术技能型人才培养定位也在不断调整，引领着职业教育专业及课程的教学内容与教学方法变革，推动其不断推陈出新、与时俱进。

"互联网+""智能+"时代的到来，特别是新一代信息技术的发展和应用，对职业院校信息技术相关专业及普及型应用人才的培养提出了新的要求。信息技术相关专业与课程的教学需要顺应时代要求，把握好技术发展和人才培养的最新方向，推动教育教学改革与产业转型升级相衔接，突出"做中学、做中教"的职业教育特色，强化教育教学实践性和职业性，实现学以致用、用以促学、学用相长。

2019 年，教育部发布了《中等职业学校信息技术课程标准（征求意见稿）》，并在 2010 年颁布的专业目录基础上增设了"网络信息安全、移动应用技术与服务、物联网技术应用、服务机器人装调与维护"等信息技术类专业。全国工业和信息化职业教育教学指导委员会随后也启动了与信息技术相关的 23 个专业教学标准和专业核心课程标准的编制工作。与此同时，随着国家"1+X"试点工作的推进，Web 前端开发、云计算平台运维与开发、电子商务数据分析、网店运营推广等职业技能等级标准陆续颁布，这些都为职业院校信息技术应用人才的培养提供了标准和依据。

为落实国家职业教育改革的要求，使国内优秀职业院校积累的宝贵经验得以推广，科学出版社组织编写了本套信息技术类专业创新型系列教材，并陆续出版发行。

本套教材贯彻"立德树人"的根本要求，依据教育部提出的"深化教师、教材、教法改革，建设符合项目式、模块化教学需要的教学创新团队，开发体现新技术、新工艺、新规范等的高质量教材，引入典型生产案例，推广现代学徒制试点经验，普及项目教学、案例教学、情境教学、模块化教学等教学方式，广泛运用启发式、探究式、讨论式、参与式等教学方法，推广翻转课堂、混合式教学、理实一体教学等新型教学模式，推动课堂教学革命"的"三教"改革要求，兼顾职业教育"就业和发展"人才培养定位，在教学体系的建立、课程标准的落实、典型工作任务或教学案例的筛选，以及教材内容、结构设计与素材配套等，进行了精心设计。在教材编写过程中，倾注了数十所国家示范学校一线教师的心血，将基层学校教学改革成果、经验、收获转化到教材的编写内容和呈现形式之中，为教材提供了丰富的内容素材和鲜活的教学活动案例。

本套创新型教材集中体现了以下特点。

1．体现立德树人，培育职业精神。教材编写以习近平新时代中国特色社会主义思想为指导，贯彻党的十九大精神和全国教育大会精神，落实《国家职业教育改革实施方案》要求，将培育和践行社会主义核心价值观融入教材知识内容和设计的活动之中，充分发挥课程的德育功能，推动课程与思政形成协同效应，有机融入职业道德、劳动精神、劳模精神、工匠精神教育，培育学生职业精神。

2．体现校企合作，强调就业导向。注重校企合作成果的收集和使用，将企业的生产模式、活动形态和岗位要求整合融入到教材内容与编写体例之中，对接最新技术要求、工艺流程、岗位规范，有机融入"1+X"证书等内容，以此推动校企合作育人，创新人才培养模式，构建复合型技术技能人才培养模式，提升学生职业技能水平，拓展学生就业创业本领。

3．体现项目引领，实施任务驱动。将职业岗位典型工作任务进行拆分，整合课程专业基础知识与技能要求，转化为教材中的活动项目与教学任务。以项目活动引领知识、技能学习，通过典型的教学任务学习与实施，学生可获得职业岗位所要求的综合职业能力，并在活动中体验成就感。

4．体现内容实用，突出能力养成。本套教材根据信息技术的最新发展应用，以任务描述、知识呈现、实施过程、任务评价以及总结与思考等内容作为教材的编写结构，并安排有拓展任务与关联知识点的学习。整个教学过程与任务评价等均突出职业能力的培养，以"做中学，做中教""理论与实践一体化教学"作为体现教材辅学、辅教特征的基本形态。

5. 体现资源多元，呈现富媒体化。信息化教学深刻地改变着教学观念与教学方法。基于教材和配套教学资源对改变教学方式的重要意义，科学出版社为此次出版的教材提供了丰富的数字资源，包括教学视频、音频、电子教案、教学课件、素材图片、动画效果、习题或实训操作过程等多媒体内容。读者可通过登录出版社提供的网站www.abook.cn 下载并使用资源，或通过扫描书中提供的二维码，打开资源观看。依据课程及资源的性质不同，这两种资源的使用形式均可能出现。提供丰富的资源，不仅方便了教师教学，也能帮助学生学习，可以辅助学校完成翻转课堂的教学活动。

6. 体现学生为本，符合职业教育特点。本套教材以培养学生的职业能力和可持续发展为宗旨，体例设计与内容表现形式充分考虑中等职业学校学生的身心发展规律，案例难易程度适中，重点突出，体例新颖，版式活泼，便于阅读。

本套教材的开发受限于时间、作者水平等因素，还有很多不足之处，敬请各位专家、教师和广大读者不吝赐教。希望本套教材的出版能进一步助推优秀教学改革成果的呈现，为我国职业教育信息技术应用人才的培养和教学改革的探索创新做出贡献。

全国工业和信息化职业教育教学指导委员会　委员
全国工业和信息化职业教育教学指导委员会
计算机专业教学指导委员会　副主任委员
计算机专业教学指导中职分委员会　主任委员

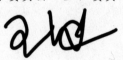

前　言

　　After Effects CC 2018 是 Adobe 公司推出的一款优秀的影视后期特效制作软件，可以非常方便地导入图片、视频、声音等多媒体素材，在合成面板中对图像、视频进行编辑、剪辑，以及应用特效处理，以合成满足用户需求的视频。

　　本书以培养影视制作技术人才为出发点，以让学生能够从事影视制作职业为着眼点，书中每一个案例均详细介绍了影视后期制作过程中必须具备的技术和技能，具有很强的实用性。

　　通过本书的学习，学生将掌握影视后期制作的视频编辑与剪辑、视频动画制作、视频转场制作、视频配音与文字字幕、影视特效制作等技能。

　　本书可作为动漫与游戏设计、数字媒体技术应用、数字影像技术、计算机应用等专业影视后期制作课程的教材。

本书特点

- 本书的编者有从事相关教学的一线教师、多年从事全国职业院校技能大赛视频后期处理项目训练的金牌教练、长期从事计算机视频后期处理课程教学的专业教师、学校电台教师、企业工程技术人员等，都有丰富的视频后期处理教学、训练、培训经验。

- 本书是编者团队在已主编的《动画与影视后期制作——After Effects CS4 技能应用教程》基础上，扬长避短，并更新了案例的基础上编写而成的。

- 本书采用"任务—案例"驱动方式进行编写，把每个单元划分为若干个任务，以任务细化知识点并以任务带动知识点的学习；以案例引出知识点并以任务深化、贯通知识点，避免传统教学方式存在的不足。本书各项目的安排充分考虑了知识点的相对完整性、系统性和连贯性。

- 本书以图文并茂的形式展示、解说知识点与技能点，让学生能够在通俗易懂的图文解说中轻松学习。
- 本书配有视频教程，读者可扫描书中的二维码观看学习；与本书配套的教学课件、素材等教学资源，可从网站 www.abook.cn 下载使用，或者联系作者（E-mail：617282847@qq.com）索取。

本书定位

- 影视制作基础教程。
- 职业培训实用教学用书。
- 影视后期制作技能的自学用书。

读者范围

- 中等职业院校的教师和学生。
- 影视后期制作的广大爱好者。

本书编者

本书由陈佳玉主审，张治平、王铁军担任主编，方智锋、刘轩林担任副主编，周洪宜、谭子财、朱思进、罗柳青、区惠莲参与编写。具体编写分工如下：张治平（单元一、单元二）、刘轩林（单元三）、谭子财（单元四和单元五）、王铁军（单元六）、周洪宜（单元七）、朱思进（单元八）、罗柳青（单元九）、方智锋（单元十）、区惠莲（附录）。

本书在编写过程中得到了广东省电子与信息指导委员会史宪美副主任的指导与支持，在此表示衷心的感谢。

由于编者水平有限，疏漏与不足之处在所难免，恳请广大读者批评指正。

编 者

2021 年 2 月

目 录

1
单元一

影视制作基础与After Effects CC 2018

技能目标

- ➢ 了解影视制作
- ➢ 了解影片制式
- ➢ 熟悉 AE 工作界面、主要面板
- ➢ 掌握 AE 合成视频常见基本操作
- ➢ 熟练使用 AE 常用操作快捷键
- ➢ 掌握视频编辑及时间线中帧的定位
- ➢ 能够设置影片渲染、导出格式和保存路径

随着传媒领域的多元化发展，影视媒体已经成为当前最为大众化、最具影响力的媒体形式。过去，影视制作是专业人员的工作，对大众来说似乎是神秘的。近年来，数字技术全面应用到影视制作过程，计算机逐步取代了许多原有的影视制作设备，并在影视制作的各个环节发挥了重大作用。影视制作从以前专业的硬件设备逐渐向普通计算机平台转移，并且随着专业软件逐步移植到计算机平台上，价格也趋于大众化，甚至实现了免费，这让很多影视爱好者甚至普通百姓都可以利用计算机来制作影视作品，如制作产品发布视频、淘宝主图视频、单位活动视频、抖音视频、生日聚会视频、纪录短片等。影视制作的应用也从专业影视制作拓展到企业宣传、产品发布、计算机游戏、网络媒体、家庭娱乐等领域。

Adobe After Effects CC 2018（以下简称 AE）是 Adobe 公司推出的一款影视后期特效制作软件，适用于动态设计和视频特效制作。该软件被大量机构采用，包括电视台、动画制作公司、个人后期制作工作室及多媒体工作室等。该软件提供了高级的运动控制、变形特效、粒子特效等功能，是专业的影视后期处理、后期制作工具，适合从事影视动画制作的相关人员学习、使用。

AE 是一款非常优秀的影视后期合成软件，它采用基于层的工作方式，可以非常方便地导入图片、视频、声音等多媒体素材，可在合成面板中对多个层的图像、视频进行控制、编辑，并最终合成、导出一个视频。AE 视频合成操作界面，如图 1-0-1 所示。

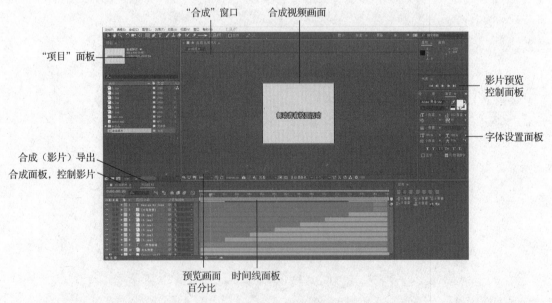

图 1-0-1　AE 视频合成操作界面

制作动感滑雪视觉效果

任务一 制作动感滑雪视觉效果
——视频剪辑、快速回放视频

任务描述

在 AE 中可以借助时间伸缩、时间反转等功能，通过剪辑技巧和时间特效的配合，实现表达设计者意图的镜头效果。本任务通过截取一段运动员滑雪视频（运动员滑雪速度不快），加快视频播放速度以制作动感视觉效果，最终把影片导出为 AVI 格式的影片。影片的部分镜头如图 1-1-1 所示。

图 1-1-1　动感滑雪镜头

任务实现

01 启动 AE。在桌面上选择"开始"→"程序"→"Adobe After Effects CC 2018"命令，打开 AE 应用程序窗口。

02 新建一个项目文件。选择"文件"→"新建"→"新建项目（Ctrl+Alt+N）"命令，即可在新的项目文件中编辑、制作视频。

03 导入视频素材"畅游雪地.wmv"。选择"文件"→"导入"→"文件（Ctrl+I）"命令，打开"导入文件"对话框，拖动鼠标选中需要导入的素材，把需要用到的素材导入项目文件中，如图 1-1-2 所示。

04 在项目文件中查看素材文件。在"导入文件"对话框中单击"导入"按钮，即可把素材导入"项目"面板上，如图 1-1-3 所示。

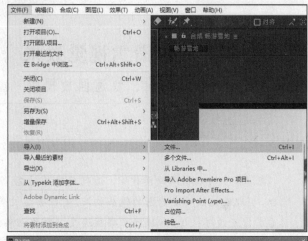

导入素材方法：在窗口中选择"文件"→"导入"→"文件（Ctrl+I）"命令即可；也可以在"项目"面板素材库中双击鼠标，然后在弹出的对话框中选择素材文件。

图 1-1-2 导入素材

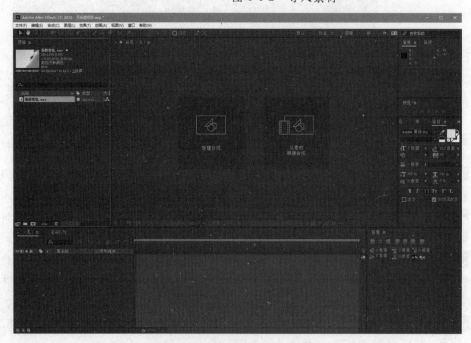

图 1-1-3 "项目"面板

05 用鼠标拖动素材到"新建合成"按钮 [图] 上，则自动生成一个合成，接着就可以在"合成"窗口中对视频进行处理了，如图 1-1-4 所示。

图 1-1-4　新建合成

06 将时间线定位到 15 秒处，然后选择"编辑"→"拆分图层"命令或按快捷键 Ctrl+Shift+D，将该图层视频在 15 秒处裁剪成前、后两段视频，如图 1-1-5 所示。

图 1-1-5　裁剪视频

07 用鼠标选中图层 1，选择"编辑"→"清除"命令或者按 Delete 键，即可删除图层 1，保留图层 2 为前 15 秒的视频镜头，如图 1-1-6 所示。

图 1-1-6 保留需要的视频

08 提高播放速度，制作动感视觉效果。用鼠标选中素材图层，在选中的素材图层上右击，在弹出的快捷菜单中选择"时间"→"时间伸缩"命令（或在窗口菜单中选择"图层"→"时间"→"时间伸缩"命令），并在弹出的"时间伸缩"对话框中设置"拉伸因数"为 50%，则视频的播放速度变为原来的 2 倍，加快了视频播放速度，如图 1-1-7 所示。

小贴士

当设置"拉伸因数"大于 100% 时，则实现慢镜头效果；当"拉伸因数"小于 100% 时，则快速播放视频。如果输入一个负值，则可实现素材的反转播放效果。在 AE 中借助时间伸缩、时间反转功能，通过剪辑技巧和时间特效的配合，可以实现表达设计者意图的镜头效果。

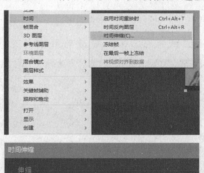

图 1-1-7 设置视频播放速度

09 设置合成视频结束时间。选中图层，在时间线面板最右端单击游标 ▌（工作区域结尾），拖动时间线到 7 秒 16 帧处，则合成视频在 7 秒 16 帧处就结束，单击预览窗口面板上的"播放"按钮 ▶ 即可预览视频，如图 1-1-8 所示。

图 1-1-8 设置合成视频结束时间

10 渲染导出影片。选择"合成"→"添加到渲染队列（Ctrl+M）"命令，在弹出的对话框中，设置"输出到"参数可选择导出影片的保存路径，设置"输出模块"参数可选择导出影片的视频格式和导出影片画面的质量等，单击"渲染"按钮，如图 1-1-9 所示。

图 1-1-9 导出影片设置

11 选择"文件"→"保存"命令，即可保存视频工程源文件。

12 打包文件。选择"文件"→"整理工程（文件）"→"收集文件"命令，即可实现文件打包。

🗋 知识点拨

1. 视频后期处理。影视后期制作就是对拍摄完的图片、影片或者软件制作的动画做后期处理，使其形成完整的影片，包括加特效、文字、配音等。后期软件分为平面软件、合成软件、非线性编辑软件、三维软件等。AE 擅长视频合成后期制作。影视后期制作在电视节目制作、影片包装制作、淘宝主图视频、企业宣传、网上教学课程制作等方面发挥着重要作用。

2. 认知 AE 的主要功能。

① 制作动态影像。

② 制作各种各样关键帧动画。

③ 视频后期合成处理。

④ 影视特效后期制作。

⑤ 电视栏目包装。

⑥ 利用 3D 图层以及灯光、摄像机等制作片头、片花。

3. 了解 AE 与 Premiere 的异同。AE 与 Premiere 都是后期处理软件，属于同一类型软件，AE 更擅长特效处理，Premiere 则偏重于剪辑。

4. AE 常见基本操作及快捷键。

① 新建项目，使用快捷键 Ctrl+Alt+N；定期保存项目文件，使用快捷键 Ctrl+S。

② 裁剪视频。选择"编辑"→"拆分图层"命令，或者按快捷键 Ctrl+Shift+D。

③ 改变播放视频速度。选择"图层"→"时间"→"时间伸缩"命令。

④ 预览影片。按空格键或者小键盘上的"0"键。

⑤ 生成影片。选择"合成"→"添加到渲染队列"命令，或者按快捷键 Ctrl+M。

⑥ 视频画面输出设置如图 1-1-10 所示。

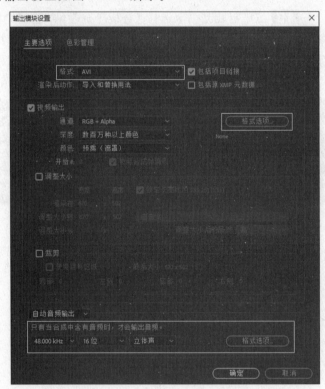

图 1-1-10 视频画面输出设置

5. 认识渲染。渲染，是指将做好的合成短片按照输出的格式和输出参数，生成、导出成影片视频。渲染结果以影片视频、音频等形式保存到计算机。渲染时间长短和要渲染出来的合成短片的大小与质量有关，视频画面越清晰则效果越好，渲染时需花费的时间可能越长。

6. 项目首选项设置。当第一次使用 AE 时，需要对工具做一些参数设置，选择"编辑"→"首选项"→"常规"命令即可打开设置面板，如设置每 5 分钟自动保存一次，如图 1-1-11 所示，也可以设置允许脚本访问文件和访问网络等。

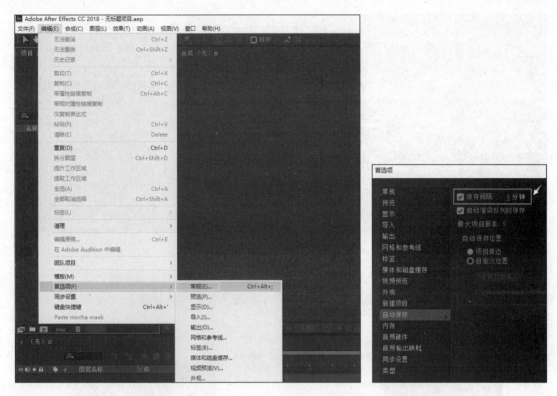

图 1-1-11　项目首选项设置

7. 认识合成面板。合成面板由 3 大区域组成，分别是层区域、时间线面板区域、控制面板区域，如图 1-1-12 所示。合成面板是影视后期合成中最主要的操作面板，通过合成面板可以将图片、视频、文字、动画、声音等多媒体素材整合为复合影像。

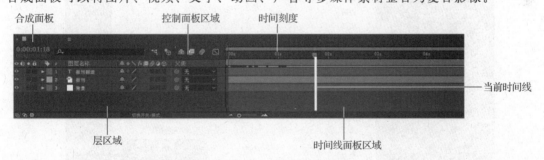

图 1-1-12　合成面板介绍

8. 认识 AE 新特性。Adobe 公司推出的 After Effects CC 2018，与此前发布的版本相比，增加了一些新特性和新功能。

① 数据驱动动画。AE 引入了数据驱动动画，将各种来源的数据文件导入 AE 中，以驱动应用程序内的交互动画。导入来自所有可能来源的数据文件，如健身跟踪器数据、运动捕捉数据、人口调查数据、选举结果数据等，将这些数据文件作为素材，用于在 AE 中创建动画、饼图、滑块等动态图形，如图 1-1-13 所示。

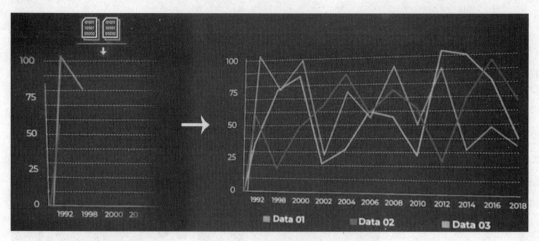

图 1-1-13　数据驱动动画

② 利用虚拟现实（virtual reality，VR）技术添加特效及文字。AE 提供了一系列先进的 VR 编辑工具，用于创建高品质 VR 作品、效果、字幕，增加沉浸式视频体验，如图 1-1-14 所示。

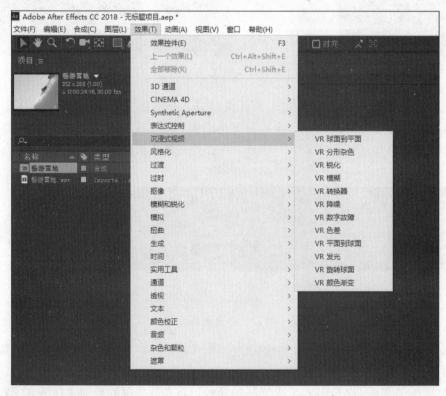

图 1-1-14　VR 编辑工具

③ 支持 CINEMA 4D 引擎。将复杂的 3D 元素、场景、动画从 Maxon CINEMA 4D 加载到 AE 合成中，作为资源直接加载到 AE 项目窗口中，并作为 CINEMA 4D 图层放置在合成中，制作令人印象深刻的动画图像效果，如图 1-1-15 所示。

图 1-1-15　支持 CINEMA 4D 引擎

④ 改进项目管理，支持团队项目制作。可以将链接的团队项目嵌入团队项目中，以此高效地管理项目；也可以导入本地 AE 项目作为共享项目；还可以查看团队项目协作者的联机状态及指示项目更改的徽章更新。AE 命令行渲染器可使用 TeamProject 标志渲染团队项目，如图 1-1-16 所示。

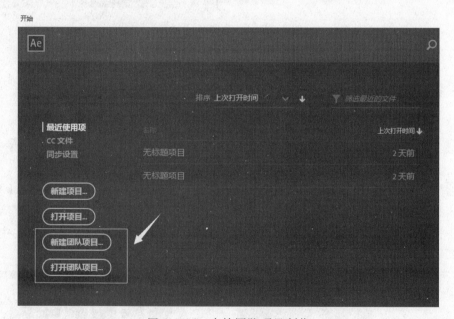

图 1-1-16　支持团队项目制作

拓展训练

1. 参照教材资源包中的样片效果 T11A，利用提供素材制作慢镜头效果。
2. 参照教材资源包中的样片效果 T11B，利用提供素材制作快镜头效果。

任务二 | 使用图片素材制作短片

使用图片素材制作短片

任务描述

AE 是功能强大的后期合成制作软件，本任务将拍摄好的图片素材元素导入AE 中，在 AE 中创建一个合成，把所有的图片素材放到合成图层上，调整图片播放时间的先后顺序，最终把合成导出为影片。影片的部分镜头如图 1-2-1 所示。

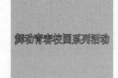

图 1-2-1 影片部分镜头

任务实现

01 启动 AE。

02 新建一个项目文件。选择"文件"→"新建"→"新建项目（Ctrl+Alt+N）"命令，在新的项目文件中编辑、制作视频。

03 导入图片素材"1.jpg""2.jpg""3.jpg""4.jpg""5.jpg""6.jpg""back.bmp"及声音素材"music.mp3"。执行"文件"→"导入"→"文件（Ctrl+I）"命令，拖动鼠标选中需要导入的全部素材，可以一次性地把需要用到的素材导入项目文件中，如图 1-2-2 所示为导入素材。

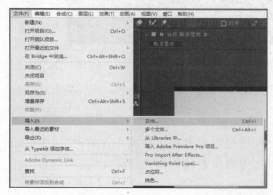

图 1-2-2 导入素材

04 在项目文件中查看素材文件。在图 1-2-2 中单击"导入"按钮后,则可把素材导入"项目"面板上,如图 1-2-3 所示。

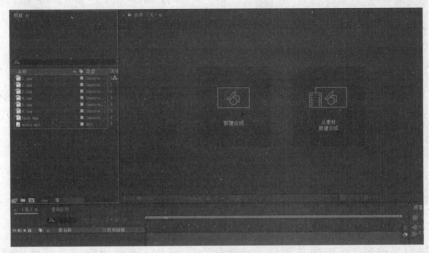

图 1-2-3 将素材导入"项目"面板

05 新建一个合成。在"项目"面板下方单击"新建合成"按钮■,新建一个合成;或者执行"合成"→"新建合成(Ctrl+N)"命令;设置"合成名称"为"合成短片",合成视频画面宽度为 600 像素(px)、高度为 480 像素(px),持续时间为 15 秒(合成视频画面时间长度),如图 1-2-4 所示。

小贴士

　　一个 Composition 就是一个合成,在合成中可编辑、合成各种多媒体元素,按时间从开始至结束做好各个时刻"合成"窗口中的播放内容,完成后可以把合成导出为影片,在一个项目文件中可以有很多合成。

　　"预设"是合成影片的制式。可以选择自定义格式、NTSC(美洲国家使用制式视频)、PAL(亚洲国家使用电视制式视频)、HDV(高清晰数字电影视频)、HDTV(高清晰电视视频)、DVCPRO(专业级数字广播摄录)、UHD(超高清电视)、Cineon(适合于电子复合、操纵和增强的 10 位/通道数字格式)、胶片。

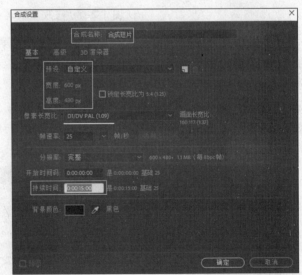

图 1-2-4 新建合成

06 将短片片头背景图片放到"合成"窗口。在"项目"面板中用鼠标将素材"back.bmp"选中,然后将其拖到合成面板的图层轨道上(或者拖到"合成"窗口后),在合成面板中可以看到多了一个图像图层"back.bmp",如图 1-2-5 所示。

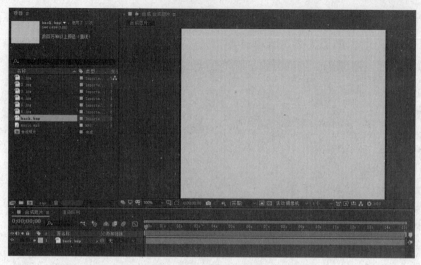

图 1-2-5　将素材放到"合成"窗口

07 将图层改名。选中图片图层"back.bmp"，右击，在弹出的快捷菜单中选择"重命名"命令，重命名图层名称为"片头背景"，如图 1-2-6 所示。

图 1-2-6　修改图层名称

08 新建文字图层并输入片头字幕。选择"图层"→"新建"→"文本"命令，接着在"合成"窗口中将光标定位到输入文字的位置，输入文字"舞动青春校园系列活动"，在合成面板中可以看到多了一个文字图层；接着在"字符"面板中设置字体效果，字体选择"宋体"、文字颜色选择金黄色、字体大小设为 50、填充效果选择在描边上填充，如图 1-2-7 所示；最后在工具栏面板中选中"选取工具" ，在"合成"窗口中选中文字，并将文字调整到适当位置。

图 1-2-7　短片片头字幕

09 将第 1 幅活动图片"1.jpg"拖到合成面板。在"项目"面板中选中"1.jpg"素材，然后按住鼠标拖到合成面板的图层轨道上，在合成面板中可以看到多了一个图层"1.jpg"；然后调整图层的上下顺序，使图层"1.jpg"位于最上方，如图 1-2-8 所示。

图 1-2-8　将素材"1.jpg"放到合成面板

10 移动时间线的位置。在合成面板中选中图层"1.jpg"，接着在时间线面板中拖动时间线，将时间定位到 2 秒处，如图 1-2-9 所示。

图 1-2-9　定位时间线

11 合拢合成面板，展开时间线面板。单击合成面板左下方的图标按钮 （展开或折叠"图层开关"窗格），收缩合成的图层面板，如图 1-2-10 所示。

图 1-2-10　合拢合成面板，展开时间线面板

12 调整图层"1.jpg"开始播放时间，在时间线面板上从第 2 秒开始显示"1.jpg"画面。把光标移到图层"1.jpg"色标在时间线上最左端处，当光标变成 ↔ 形状时按下鼠标左键并向右拖动，直到把图层的色标最左端拖到与时间线齐平后再松开鼠标，如图 1-2-11 所示。

图 1-2-11　设置图层时间入点

13 将第 2 幅活动图片"2.jpg"拖到合成面板，调整图层上下顺序，使"2.jpg"位于最上方；把时间线定位到 4 秒处，参照步骤 12 设置图层"2.jpg"的时间入点为 4 秒，如图 1-2-12 所示。

14 参照步骤 13 把图片"3.jpg""4.jpg""5.jpg""6.jpg"拖到合成面板，并设置它们的时间入点分别为 0:00:06:00、0:00:08:00、0:00:10:00、0:00:12:00。可按小键盘上的数字键"0"，预览目前影片效果，如图 1-2-13 所示。

图 1-2-12　第 2 幅图片时间入点

图 1-2-13　系列图片的图层和时间入点设置

15 新建一个纯色层作为片尾背景。选择"图层"→"新建"→"纯色"命令，在弹出的"纯色设置"对话框中输入纯色图层名称为"片尾背景"，设置颜色为浅蓝色，如图 1-2-14 所示。

16 在时间线面板上设置片尾背景的时间入点。将时间线定位到 14 秒处，参照步骤 12 设置图层"片尾背景"入点，如图 1-2-15 所示。

图 1-2-14　创建纯色图层用作片尾背景

图 1-2-15　图层"片尾背景"时间入点设置

17 输入片尾字幕。选择"图层"→"新建"→"文本"命令，自动生成新的文字图层，在"合成"窗口中输入文字"Design By John"，并设置字体；接着使用工具栏中的"选取工具" ▶ 选中片尾字幕，将其移到"合成"窗口中的适当位置；最后设置片尾字幕图层的时间入点位于 14 秒处，如图 1-2-16 所示。

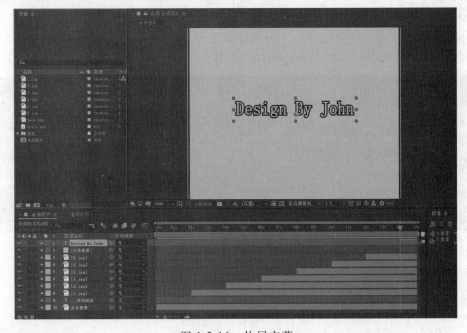

图 1-2-16　片尾字幕

18 加上背景音乐。把"项目"面板中的背景音乐文件"music.mp3"拖到合成面板中，则在合成面板中自动多了一个音乐图层"music.mp3"，如图 1-2-17 所示。

图 1-2-17　配上背景音乐

19 按空格键或小键盘上的数字键"0"，预览合成短片的效果。

20 导出带声音的影片。选择"合成"→"添加到渲染队列（Ctrl+M）"命令，导出动画视频，设置导出视频格式为"QuickTime"，勾选"Audio Output（声音输出）"左侧的复选框，单击"渲染"按钮，如图 1-2-18 所示。

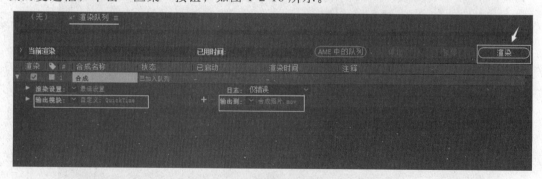

图 1-2-18　导出影片设置

21 选择"文件"→"保存"命令，即可保存视频工程源文件。

22 打包文件。选择"文件"→"整理工程（文件）"→"收集文件"命令即可打包文件。

知识点拨

1. 影片合成。使用 AE 进行影片合成，是将前期拍摄的视频、图片等素材放到影片合成轨道上，应用工具对素材进行剪辑、裁剪，加上滤镜特效、转场、动画，配上适当字幕、音乐等，让制作者拍摄的视频更好地呈现出来。

2. 一个完整的视频由片头、短片内容、片尾、字幕、声音等构成。

拓展训练

1. 参照教材资源包中的样片效果 T21A，利用提供素材制作顺德美食宣传视频。
2. 参照教材资源包中的样片效果 T21B，利用提供素材制作春节花卉视频。
3. 参照教材资源包中的样片效果 T21C，利用提供素材制作汽车展览推销视频。
4. 参照教材资源包中的样片效果 T21D，利用提供素材制作西双版纳之行旅游视频。

任务三 画中画视频
—— 制作多镜头的视觉效果

画中画视频

任务描述

AE 是一款视频后期处理工具，为了制作出更加完美的视频效果，往往需要和其他工具（如图形图像处理工具 Photoshop 等）配合使用。Photoshop 可以设计、绘制图形，也可以处理、编辑图像，完成后保存为 PSD/JPG 图片格式，接着导入 AE "项目" 面板中当作素材使用；有时还需要结合 Maya、3ds Max、Auto CAD、会声会影等工具完成视频后期制作。本任务是在 AE 中引用 Photoshop 制作的素材制作视频效果。

本任务首先把 4 个反映学生活动的视频素材以及 2 个通过 Photoshop 制作的横线条、竖线条图片导入 AE 中；然后利用 AE 把这些素材合成有 4 个镜头效果的视频，最终把合成导出为影片。四屏画面镜头效果如图 1-3-1 所示。

图 1-3-1 四屏画面镜头效果

任务实现

01 启动 AE。

02 新建一个项目文件。选择"文件"→"新建"→"新建项目（Ctrl+Alt+N）"命令，在新的项目文件中编辑、制作视频。

03 导入视频素材"镜头 1.wmv""镜头 2.wmv""镜头 3.wmv""镜头 4.wmv"，以及预先用 Photoshop 制作好的图片素材"横线条.psd"与"竖线条.psd"。选择"文件"→"导入"→"文件"命令，拖动鼠标选中需要导入的全部素材，可以一次性地把需要用到的素材全部导入项目文件中。如图 1-3-2 所示为导入素材。

04 在图 1-3-2 中单击"导入"按钮后，则可以把素材导入"项目"面板上，如图 1-3-3 所示为"项目"面板。

图 1-3-2 导入素材

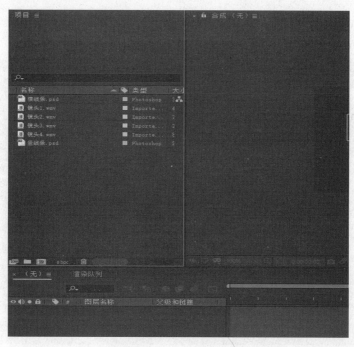

图 1-3-3 "项目"面板

05 新建一个合成。在"项目"面板下方单击"新建合成"按钮⬜，即可新建一个合成；或者选择"合成"→"新建合成（Ctrl+N）"命令，新建一个合成；设置"合成名称"为"合成多镜头"，合成视频画面宽度为 600 像素（px）、高度为 480 像素（px），持续时间为 9 秒（合成视频画面时间长度），如图 1-3-4 所示。

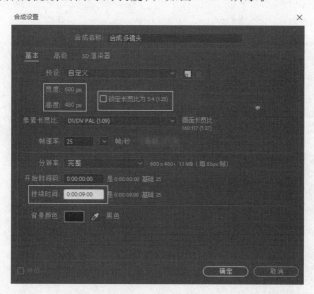

图 1-3-4 新建合成

06 将素材"镜头 1.wmv"拖到"合成"窗口中左上角作为第 1 个镜头。在"项目"面板中用鼠标将素材"镜头 1.wmv"选中，然后拖动素材到合成面板的图层轨道上（或者拖动到"合成"窗口）；接着单击工具栏中的"选取工具"按钮▶，对"合成"窗口中的视频位置进行调整，使它居于"合成"窗口的左上角。在合成面板中可看到多了一个图层"镜头 1.wmv"，如图 1-3-5 所示。

图 1-3-5　第 1 个镜头

07 将素材"镜头 2.wmv"拖到"合成"窗口右上角作为第 2 个镜头。在"项目"面板中用鼠标将素材"镜头 2.wmv"选中，然后拖动素材到合成面板的图层轨道上（或者拖到"合成"窗口）；接着单击工具栏中的"选取工具"按钮▶，对"合成"窗口中的视频位置进行调整，使它居于窗口的右上角。在合成面板中可看到多了一个图层"镜头 2.wmv"，并调整图层的上下层顺序，如图 1-3-6 所示。

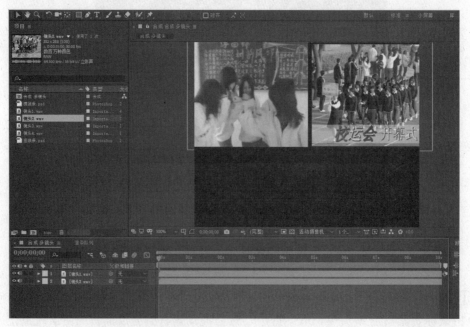

图 1-3-6　第 2 个镜头

08 将素材"镜头 3.wmv""镜头 4.wmv"拖到"合成"窗口，分别作为第 3、第 4 个镜头。参照上述方法将"镜头 3.wmv"放到"合成"窗口左下角位置，将"镜头 4.wmv"放到右下角位置，然后调整好 4 个图层的上下层顺序，如图 1-3-7 所示。

图 1-3-7　第 3、第 4 个镜头

09 将素材"横线条.psd"拖到"合成"窗口中水平中央位置作为合成画面上下分隔线。在"项目"面板上用鼠标将素材"横线条.psd"选中，然后拖动素材到"合成"窗口中央位置；接着单击工具栏中的"选取工具"按钮▶（或者通过小键盘上的方向键"↑""↓"选择），对"合成"窗口中的白色横线条位置进行调整，使上边 2 个镜头与下边 2 个镜头分隔开，再调整图层上下层顺序，如图 1-3-8 所示。

图 1-3-8　横线条

小贴士

在 AE 中合成视频影像时，经常需要利用 Photoshop 准备一些图片素材，然后导入 AE 中使用，其中"横线条.psd"是在 Photoshop 中绘制好的一条白色水平线。

---

10 将素材"竖线条.psd"拖到"合成"窗口中的垂直中央位置作为合成画面的左右分隔线。在"项目"面板上用鼠标将素材"竖线条.psd"选中，然后拖动该素材到"合成"窗口中的垂直中央位置；接着单击工具栏中的"选取工具"按钮 ▶ （或者通过小键盘上的方向键"→""←"选择），对"合成"窗口中的白色竖线条位置进行调整，使它把左边 2 个镜头与右边 2 个镜头分隔开，再调整图层上下层顺序，如图 1-3-9 所示。

图 1-3-9 竖线条

11 按空格键或小键盘上的数字键"0"，可以预览合成短片的效果。

12 导出带声音的影片。选择"合成"→"添加到渲染队列（Ctrl+M）"命令可导出动画视频，设置导出视频格式为"QuickTime"，勾选 Audio Output（声音输出）左侧的复选框，单击"渲染"按钮，如图 1-3-10 所示。

13 保存视频工程源文件。选择"文件"→"保存"命令即可。

14 打包文件。选择"文件"→"整理工程（文件）"→"收集文件"命令即可。

图 1-3-10　导出影片设置

知识点拨

1. Photoshop 是 Adobe 公司推出的一款优秀的影像处理软件，在图形图像处理、平面设计、影像设计等方面起到不可替代的作用。影像处理是图形影像工作的基础，影视制作前期的图形制作、后期的影像处理等都离不开影像处理软件。Photoshop CC 2017 的操作界面如图 1-3-11 所示。

图 1-3-11　Photoshop CC 2017 的操作界面

2. 画中画也就是多镜头视频视觉效果，即在同一屏幕上同时显示几个节目镜头。在电视节目制作时经常会用到画中画技术，在正常观看的主画面中插入一个或几个经过压缩的子画面，以便在欣赏主画面的同时监视其他画面，如图 1-3-12 所示。

图 1-3-12　画中画

3. 使用 Photoshop 与 AE 结合制作完美视频包装，需要掌握以下几个方面的技能。

1）要进行视频包装，需要掌握 Photoshop 基础操作、调色、抠像、LOGO 绘制、图像合成及创意海报制作等。

2）同时需要掌握 AE 基础知识、关键帧动画、AE 高级粒子三维特效插件技术等，以实现 LOGO 演绎、粒子特效包装。

3）熟悉影视包装制作思路与方法。掌握不同类型的视频包装，包括电影电视剧的片头、片尾、预告片、企业宣传片、发布会等传统媒体形式的思路及制作方法。根据脚本构思与编写、前期拍摄，以及后期使用工具编辑、裁剪、视频特效处理等完成影视包装制作。

拓展训练

1. 参照教材资源包中的样片效果 T31A，利用提供素材制作电视节目画中画效果，主画面显示学生表演情况，另一个小画面显示主持人解说、主持节目的镜头。

2. 参照教材资源包中的样片效果 T31B，利用提供素材制作公开课画中画效果，主画面显示老师上课情况，另一个小画面显示学生参与情况。

3. 参照教材资源包中的样片效果 T31C，利用提供素材制作三镜头视频画面效果。

单元小结

本单元通过具体实例介绍了影视前期制作与后期制作的基本知识，介绍了影视制作基本流程，影视制作过程按时间顺序一般分为前期准备、中期准备、后期制作。前期准备过程中准备好影片剧本（主题、剧本文案）、分镜头剧本创作、美工设计（风格、造型、场景）、素材（拍摄、影像、乐曲）；有了前期工作准备，将得到大量素材或者半成品，接着通过影视制作、合成工具，利用艺术手段结合起来就是后期制作。常见影视后期制作工具有 Adobe After Effects、Adobe Premiere Pro、Avid Media Composer 等，还有操作相对简单的视频编辑和合成软件，如会声会影、视频编辑王等。通过本单元的学习，读者应该对使用 AE 制作简单影视效果、制作短片有了一定的了解，同时也应掌握 AE 常见的基本操作。

单元练习

一、判断题

1. AE 是 Adobe 公司推出的一款影视后期制作软件。　　　　　（　　）
2. 建立文字图层，在影片中输入文字只能通过选择"图层"→"新建"→"文本"命令才能完成，没有其他方法可以做到。　　　　　（　　）
3. 合成输出影片时只能导出 MOV 格式。　　　　　（　　）

二、填空题

1. 使用 AE 在制作、合成影片过程中为了预览影片效果，可按小键盘数字区域中的_____键进行预览。
2. 缩写字母 AE 的完整写法是_____。
3. 保存 AE 项目源文件的快捷键是_____。

三、操作题

1. 利用教材资源包中的素材 N1 制作慢镜头视频效果，具体效果参照 T1.wmv 所示，把做好的影片设置导出视频帧频为 25 帧/秒，把影片导出保存为 K01.wmv 文件。
2. 利用教材资源包中的素材 N2 截取一段视频，制作快播放镜头视觉效果，具体效果参照 T2.wmv 所示，把做好的影片设置导出视频帧频为 29 帧/秒，把影片导出保存为 K02.wmv 文件。
3. 利用教材资源包中提供的素材制作顺德花卉博览短片视频，具体效果参照 T3.wmv 所示，把影片导出保存为 K03.wmv 文件。
4. 利用教材资源包中提供的素材制作动感多镜头视频效果，具体效果参照 T4.wmv 所示，把影片导出保存为 K04.avi 文件。

2

单元二　　制作简单动画视频

技能目标

➤ 认识合成面板

➤ 掌握关键帧动画制作

➤ 了解时间线面板、固态层

➤ 了解视频背景层、层顺序

➤ 掌握利用多个合成制作影片

➤ 掌握通过变化层中的位置、旋转、缩放、
不透明度、锚点属性制作动画

　　关键帧技术使得利用 AE 控制高级的二维动画更加游刃有余，结合后面单元中令人眼花缭乱的特技、特效系统，更容易激发、实现创作者的创意。AE 提供了强大的动画制作功能，通过 AE 可以轻松制作出如 Flash 一样的动画效果。本单元主要介绍使用 AE 制作基本动画和应用多个合成制作稍微复杂的动画视频，这些关键帧动画效果可在电视节目片头制作和包装上发挥重要作用。下面主要用关键帧动画实例来介绍 AE 关键帧动画视频的应用。

　　本单元主要学习制作关键帧动画。关键帧动画就是用关键帧定义的关键动作来形成动画，关键动作之间的过渡变换过程由软件自动完成，关键帧之间的过渡画面称为过渡帧，如图 2-0-1 所示。最基本的 4 种关键帧动画为位移关键帧动画、旋转关键帧动画、缩放关键帧动画、不透明度关键帧动画。本单元通过层变化属性（变换）的位置、旋转、缩放、不透明度、锚点制作关键帧动画。

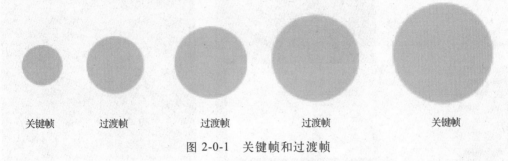

关键帧　　　过渡帧　　　过渡帧　　　过渡帧　　　关键帧

图 2-0-1　关键帧和过渡帧

任务一　制作翻滚的报刊封面
——旋转、位移关键帧动画

制作翻滚的报刊封面

■ 任务描述

　　通过变换图层的位置和旋转属性，制作报刊封面翻滚着出现在视频画面中的动画效果，并将完成的动画视频导出为 MOV 格式。其中，影片部分镜头截图如图 2-1-1 所示。

图 2-1-1　影片部分镜头截图

任务实现

01 启动 AE。

02 新建一个项目文件。

03 导入素材"报刊.bmp"。选择"文件"→"导入"→"文件"命令，把素材导入"项目"面板中，如图 2-1-2 所示。

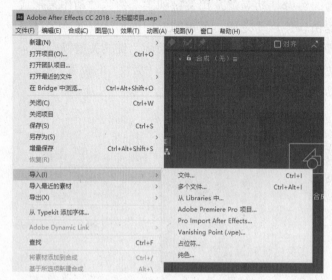

图 2-1-2　导入素材

04 新建一个合成。选择"合成"→"新建合成"命令，在弹出的"合成设置"对话框中设置"合成名称"为"报刊动画合成"，设置合成视频画面宽度为 720 像素（px）、高度为 576 像素（px），设置适当的动画持续时间，如图 2-1-3 所示。

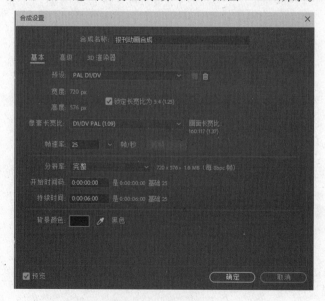

图 2-1-3　新建合成

05 把"项目"面板中的素材"报刊.bmp"拖到合成面板的图层 1 轨道上，如图 2-1-4 所示。

图 2-1-4 将素材放到合成面板

06 用鼠标选中图层 1，右击，在弹出的快捷菜单中选择"重命名"命令，将图层 1 重命名为"报刊"，如图 2-1-5 所示。

图 2-1-5 修改图层名称

07 用鼠标选中名称为"报刊"的图层，单击前面的灰色三角形按钮，展开"变换\位置"选项，或者选中"报刊"图层后按快捷键 P，打开"位置"选项，如图 2-1-6 所示。

图 2-1-6 展开图层属性

08 在合成面板中用鼠标选中"位置"属性，在时间为 0 秒位置插入关键帧，然后用鼠标拖动素材把它放到"合成"窗口右上角适当位置，或者直接输入此时"位置"的坐标值（656，-18），给"位置"属性创建第 1 个关键帧，如图 2-1-7 所示。

图 2-1-7 "位置"属性的第 1 个关键帧

09 在时间线面板上拖动时间线，将时间定位到 2 秒位置，在"合成"窗口中用鼠标拖动素材到中央的适当位置，或者直接输入此时"位置"的坐标值（336，280），则软件会自动插入"位置"属性的第 2 个关键帧。此时，素材在第 0 秒（656，-18）到第 2 秒（336，280）之间发生位移的关键帧动画已创建，如图 2-1-8 所示。

图 2-1-8 "位置"属性的第 2 个关键帧

小贴士

"位置"属性在时间线的 0 秒和 2 秒处各有一个小方块,表明在对应的时间点创建了位置关键帧。

10 在合成面板中用鼠标选中"旋转"属性,在时间为 0 秒处插入关键帧,如图 2-1-9 所示。

11 在时间线面板上拖动时间线,将时间定位到 2 秒位置,利用工具栏面板中的"旋转工具" ↻ ,对"合成"窗口中的元素进行旋转;或者直接设置此时"旋转"属性的值为 2x+ 0.0°。实现在第 0 秒与第 2 秒之间制作旋转关键帧动画效果,如图 2-1-10 所示。

图 2-1-9 "旋转"属性的第 1 个关键帧

图 2-1-10 "旋转"属性的第 2 个关键帧

小贴士

"旋转"属性在时间线的 0 秒和 2 秒处各有一个小方块,表明在对应的时间点创建了旋转关键帧。

12 按小键盘上的数字键"0"预览关键帧动画效果。

13 渲染导出合成影片。选择"合成"→"添加到渲染队列"命令导出动画视频,设置导出视频格式为"QuickTime",单击"渲染"按钮,如图 2-1-11 所示。

14 选择"文件"→"保存"命令,保存视频工程源文件。

图 2-1-11　导出影片设置

15 打包文件。选择"文件"→"整理工程（文件）"→"收集文件"命令即可。

知识点拨

1. 镜头语言。镜头语言是用镜头像语言一样去表达设计者的意图，观众通常可通过摄像机所拍摄出来的画面了解拍摄者的意图，因为可从摄像机拍摄的主题及画面的变化，去感受拍摄者通过镜头所要表达的内容。镜头语言虽然和平常讲话的表达方式不同，但目的是一样的，所以镜头语言没有规律可言，只要能用镜头表达出设计者的意图，不管用何种镜头方式，都可称为镜头语言。

① 镜头方式根据景距分为远景、全景、中景、小景、近景、特写等，不同景别的镜头承担着不同的叙事和表现任务，通过多景别镜头的运用能使故事的情节、环境、人物及细节清楚地展示出来。

② 按照拍摄方式分为推镜、拉镜、摇镜、移镜、跟镜、升镜、降镜、甩镜等不同镜头方式。

③ 镜头语言更多的是在视频制作工作流程中的前期拍摄时使用，根据影视脚本通过镜头来呈现需要表达的内容。当然，如果素材元素已经拍摄好，也可以通过 AE 等后期处理软件制作镜头推、拉、摇、移等效果。

2. 位移关键帧动画。通过改变素材位置并创建关键帧制作出来的动画效果称为位移关键帧动画，如小鸟飞行、小球垂直向上运动、升起的气球、运动的汽车等。通过对小球位置创建关键帧制作其在水平面上运动的动画效果，如图 2-1-12 所示。

图 2-1-12　小球水平移动动画效果

3. 旋转关键帧动画。将素材绕轴心旋转一定角度并创建关键帧制作出来的动画效果称为旋转关键帧动画。例如，制作字体旋转、时钟针表旋转、物体圆周运动动画效果等。通过旋转关键帧制作文字绕轴心旋转动画效果，如图 2-1-13 所示。

图 2-1-13　文字绕轴心旋转的动画效果

4. 通过改变位置关键帧数值制作报刊封面位置变化动画效果，而通过改变旋转关键帧数值可以制作报刊封面旋转动画效果。

5. 不仅对图片可以制作动画效果，对视频镜头也可以制作动画效果。

6. 认识时间线面板的作用。

① 可设置素材层的时间起止位置、素材长度、叠加方式、渲染范围、合成长度。

② 可按时间顺序组织多媒体素材，方便预览每一时刻合成视频画面的效果。

③ 可创建、定义关键帧。

④ 可对视频进行空间操作，如移动、缩放、定位等。

拓展训练

1. 参照教材资源包中的样片效果 T21A，利用提供素材制作小球运动效果的动画视频。

2. 参照教材资源包中的样片效果 T21B，利用提供素材制作小球做圆周运动的动画视频。

3. 参照教材资源包中的样片效果 T21C，利用提供素材制作门的展开效果。

任务二　渐显渐隐产品展示动画
——缩放、不透明度关键帧动画

渐显渐隐产品展示动画

任务描述

　　通过变换图层的缩放和不透明度属性，制作数码相机产品由小变大出现在"合成"窗口中，然后不透明度慢慢变小直到数码相机产品在"合成"窗口中消失为止的动画效果，将完成的动画视频导出为 MOV 格式，动画部分视频镜头如图 2-2-1 所示。

图 2-2-1　动画部分视频镜头

任务实现

01 启动 AE。

02 新建一个项目文件。

03 导入素材"相机.psd"。选择"文件"→"导入"→"文件"命令，把素材导入"项目"面板中，如图 2-2-2 所示。

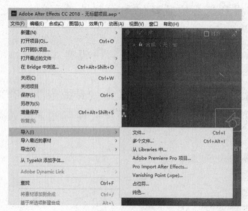

图 2-2-2　导入素材

04 新建一个合成。选择"合成"→"新建合成"命令，打开"合成设置"对话框，在该对话框中设置"合成名称"为"合成动画"，合成视频画面宽度为 720 像素（px）、高度为 560 像素（px），帧速率为 25 帧/秒，并更改动画持续时间，如图 2-2-3 所示。

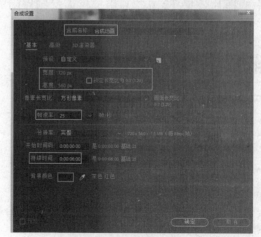

图 2-2-3　新建合成

05 把"项目"面板中的素材"相机.psd"拖到合成面板的图层 1 轨道上，如图 2-2-4 所示。

图 2-2-4　将素材放到合成面板

06 选中图层 1，右击，在弹出的快捷菜单中选择"重命名"命令，将图层 1 重命名为"相机"，如图 2-2-5 所示。

07 新建一个白色纯色层。选择"图层"→"新建"→"纯色"命令，打开"纯色设置"对话框；或者在合成面板上右击，在弹出的快捷菜单中选择"新建"→"纯色"命令；或者按快捷键 Ctrl+Y，新建一个纯色层，把纯色层名称设置为"背景"、颜色设置为白色，如图 2-2-6 所示。

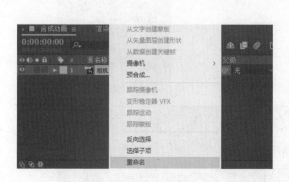

图 2-2-5　修改图层名字

图 2-2-6　新建纯色层并设为白色

08 调整图层面板中"相机"层与"背景"层的上下顺序，使"相机"层在"背景"层上方，如图 2-2-7 所示。

09 用鼠标选中"相机"层，单击前面的灰色三角形按钮，展开"变换\缩放"选项，或者选中"相机"层后按快捷键 S，打开"缩放"选项；接着选中"缩放"属性，在时间为 0 秒位置单击"缩放"属性左侧图标 ，创建关键帧，设定"缩放"属性值为（20.0，20.0%），即可把图像缩小为原图像大小的 20%，如图 2-2-8 所示。

小贴士

此处新建的白色纯色层作为影视背景。纯色层的一个作用就是作为影视背景，纯色层有时也用来绘制图形。

图 2-2-7　调整图层的顺序

图 2-2-8　"缩放"属性的第 1 个关键帧

10 在时间线面板拖动时间线，将时间定位到 3 秒位置，设定此时缩放的值为 (100.0，100.0%)，则自动会插入"缩放"的第 2 个关键帧；或者定位到 3 秒位置后，单击"缩放"属性左侧图标◆，插入关键帧后设定"缩放"属性的第 2 个关键帧处的值为 (100.0，100.0%)，如图 2-2-9 所示。

图 2-2-9　"缩放"属性的第 2 个关键帧

11 同理，在 3 秒 12 帧位置处，创建"缩放"属性的第 3 个关键帧并设定其值为 (150.0，150.0%)；在 4 秒位置处，创建"缩放"属性的第 4 个关键帧并设定其值为 (150.0，150.0%)；在 4 秒 12 帧位置处，创建"缩放"属性的第 5 个关键帧并设定其值为 (80.0，80.0%)，如图 2-2-10 所示。

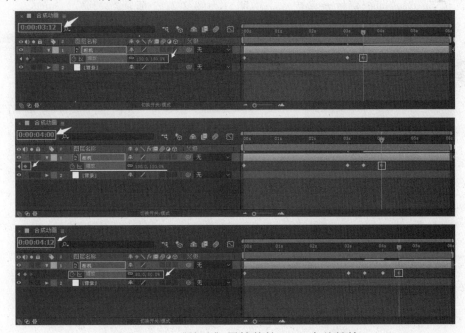

图 2-2-10　"缩放"属性的第 3~5 个关键帧

12 选中"不透明度"属性，在时间为 5 秒位置单击"不透明度"属性左侧码表图标 ⏱，插入关键帧，设定"不透明度"属性值为 100%，即把图像不透明度值设置为 100% 不透明，如图 2-2-11 所示。

图 2-2-11 "不透明度"属性的第 1 个关键帧

13 在时间线面板拖动时间线，将时间定位到 6 秒位置，设定此时"不透明度"的值为 0%，则自动会插入"不透明度"属性的第 2 个关键帧；或者定位到 5 秒 24 帧位置后单击"不透明度"属性左侧图标按钮 ⏱，插入关键帧并设定"不透明度"的第 2 个关键帧处的值为 0%，即把素材元素变成全透明，如图 2-2-12 所示。

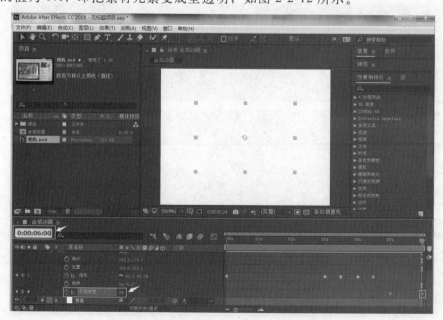

图 2-2-12 "不透明度"属性的第 2 个关键帧

14 按小键盘上的数字键"0"，即可预览关键帧动画效果。

15 渲染导出合成影片。选择"合成"→"添加到渲染队列"命令，导出动画视频，设置导出视频格式为"QuickTime"，如图 2-2-13 所示。

图 2-2-13 导出影片设置

16 选择"文件"→"保存"命令，即可保存视频工程源文件。

17 打包文件。选择"文件"→"整理工程（文件）"→"收集文件"命令即可。

知识点拨

1. 缩放关键帧动画。通过对素材进行缩放（即放大或缩小素材）并创建关键帧所制作出来的动画效果称为缩放关键帧动画，如制作树木生长效果、目标景物在镜头中由远及近或由近及远的镜头效果等。通过缩放关键帧制作小球由小变大的动画效果，如图 2-2-14 所示。

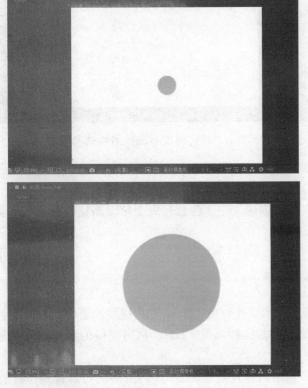

图 2-2-14 小球由小变大的动画效果

2. 不透明度关键帧动画。通过改变素材不透明度并创建关键帧所制作出来的动画效果，称为不透明度关键帧动画。如图 2-2-15 所示为树木不透明动画效果。

图 2-2-15　树木不透明动画效果

3. 通过创建缩放关键帧，实现对相机产品放大、缩小的控制，而创建不透明度关键帧则是对素材元素的不透明度进行控制。

4. 选择"图层"→"新建"→"纯色"命令可以新建纯色层，本案例新建了一个纯色层作为影视背景。

拓展训练

1. 参照教材资源包中的样片效果 T22A，利用提供的素材制作树木生长效果动画视频。

2. 参照教材资源包中的样片效果 T22B，利用提供的素材制作气球在天空中慢慢远去并慢慢消失的动画效果。

3. 参照教材资源包中的样片效果 T23C，利用提供的素材制作时装展示动画视频。

任务三　多个合成制作电视栏目动画
——多个合成应用

■ 任务描述

　　合成可以是固态层或素材层的合成影像；也可以将合成影像放到其他的合成影像中，形成新的合成，即合成的嵌套。

　　在视频后期制作过程中至少需要一个合成来组合各种素材元素来完成影片制作，碰到较为复杂的视频时往往需要由多个合成一起配合完成影片的后期制作。当使用多个合成制作一个影片时，其中会有一个作为主合成，其他合成作为主合成的辅助素材使用。图 2-3-1 所示为多个合成的应用案例。

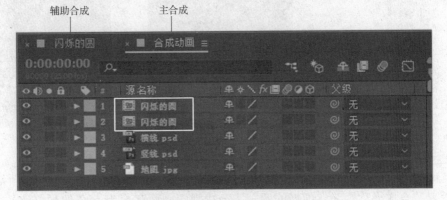

图 2-3-1　多个合成应用案例

　　本任务新建一个合成，制作圆圈闪烁动画效果，作为另一个合成素材来使用。在主合成中制作两条白色线条运动关键帧动画、平面图平移关键帧动画、放置闪烁圆圈的合成，最终合成绚丽动画效果，其部分镜头如图 2-3-2 所示。

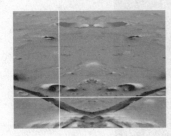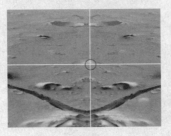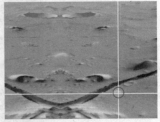

图 2-3-2　绚丽动画部分镜头

□ **任务实现**

01 新建一个合成制作圆圈闪烁效果。

1）启动 AE。

2）新建一个项目文件。

3）导入素材"横线.psd""平面图.jpg""竖线.psd""圆.psd"。选择"文件"→"导入"→"文件"命令，把素材导入"项目"面板中，如图 2-3-3 所示。

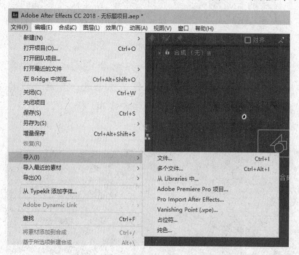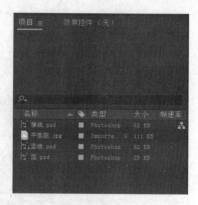

图 2-3-3　导入素材

4）新建一个合成。在"项目"面板中单击"新建合成"按钮，新建一个合成，设置"合成名称"为"闪烁的圆"，合成视频画面宽度为 600 像素（px）、高度为 480 像素（px），帧速率为 25 帧/秒，持续时间为 1 秒，如图 2-3-4 所示。

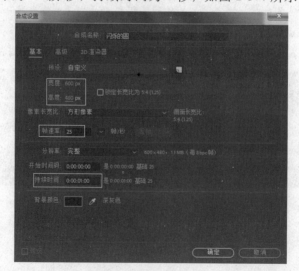

图 2-3-4　新建第 1 个合成

5）把"项目"面板中的素材"圆.psd"拖到合成面板的图层 1 轨道上，如图 2-3-5 所示。

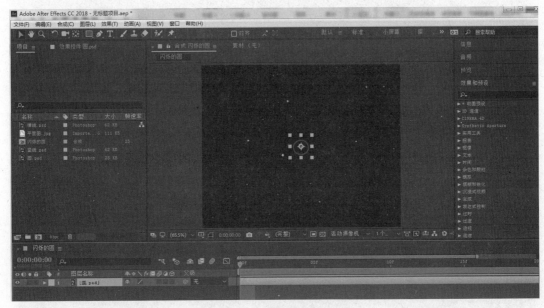

图 2-3-5　将素材置于合成中

6）右击图层 1，在弹出的快捷菜单中选择"重命名"命令，将图层 1 重命名为"圆"，如图 2-3-6 所示。

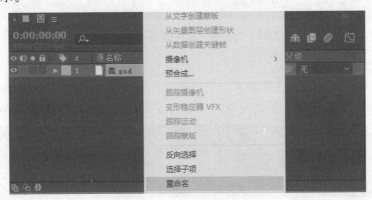

图 2-3-6　修改图层名字

7）用鼠标选中图层"圆"后，按快捷键 S 打开"缩放"选项，接着选中"缩放"属性，在时间为 0 秒位置单击"缩放"属性左侧图标 ，插入关键帧，设定"缩放"属性值为（20.0，20.0%），即可把图像缩小到原图像大小的 20%，如图 2-3-7 所示。

8）在时间线面板拖动时间线，将时间定位到 6 帧位置，设定此时"缩放"的值为（100.0，100.0%），则自动插入"缩放"的第 2 个关键帧；或者定位到 6 帧位置后，单击"缩放"属性左侧图标 ，插入关键帧后设定"缩放"属性的第 2 个关键帧处的值为（100.0，100.0%），如图 2-3-8 所示。

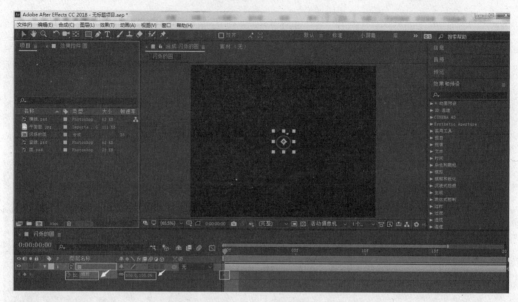

图 2-3-7   "缩放"属性的第 1 个关键帧

图 2-3-8   "缩放"属性的第 2 个关键帧

9）同理，在 12 帧处，创建"缩放"属性的第 3 个关键帧，设定其值为（0.0,0.0%）；在 18 帧处，创建"缩放"属性的第 4 个关键帧，设定其值为（100.0,100.0%）；在 24 帧处，创建"缩放"属性的第 5 个关键帧，设定其值为（0.0,0.0%），如图 2-3-9 所示。

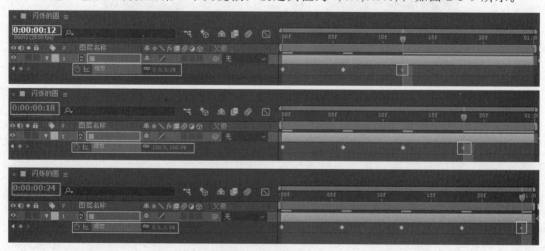

图 2-3-9   "缩放"属性的第 3~5 个关键帧

步骤 1 第 7）~ 9）步完成圆闪烁动画制作的 5 个缩放关键帧，即"闪烁的圆"合成；圆闪烁持续时间为 1 秒。

02 新建第 2 个合成：制作 2 条线条平移动画，平面图平移动画。

1）新建第 2 个合成。在"项目"面板中单击"新建合成"按钮 ▣ ，新建一个合成，设置"合成名称"为"合成动画"，合成视频画面宽度为 600 像素（px）、高度为 480 像素（px），帧速率为 25 帧/秒，持续时间为 7 秒，如图 2-3-10 所示。

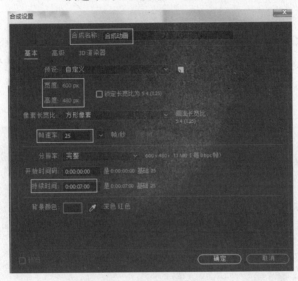

图 2-3-10　新建第 2 个合成

2）把"项目"面板中的素材"平面图.jpg""横线.psd""竖线.psd"拖到合成面板的图层区域，并调整它们的图层上下顺序，如图 2-3-11 所示。

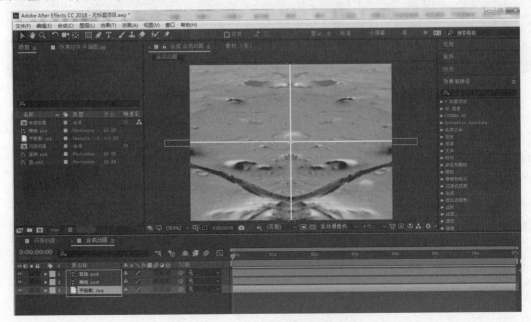

图 2-3-11　将素材置于第 2 个合成中

3）用鼠标分别选中各图层，右击，在弹出的快捷菜单中选择"重命名"命令，分别给图层命名为"竖线""横线""平面图"，如图 2-3-12 所示。

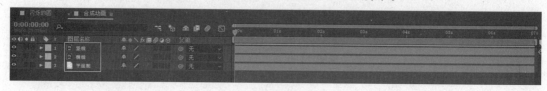

图 2-3-12　更改各图层的名称

4）选中图层"平面图"，在"合成"窗口中用鼠标拖动平面图左边与影视窗口的左边对齐；或者选中图层"平面图"后按快捷键 P，打开"位置"选项，设置其属性值为（328,240），如图 2-3-13 所示。

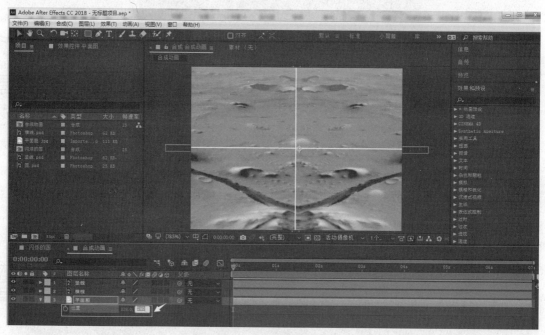

图 2-3-13　设置平面图初始位置

5）在 0 秒位置，选中图层"横线"后按快捷键 P，打开"位置"选项，单击"位置"属性左侧图标 ⏱ 创建关键帧，设定"位置"属性值为（298,350）；接着选中图层"竖线"后按快捷键 P，打开"位置"选项，单击"位置"属性左侧图标 ⏱ 创建关键帧，设定"位置"属性值为（194,350），如图 2-3-14 所示。

6）在 1 秒位置，选中图层"横线"，单击其"位置"属性左侧图标 ◆，插入第 2 个关键帧，设定"位置"属性值为（298,225），实现从下向上平移线条；接着选中图层"竖线"，单击其"位置"属性左侧图标 ◆，插入第 2 个关键帧，设定"位置"属性值为（335,239），实现从左向右平移线条，如图 2-3-15 所示。

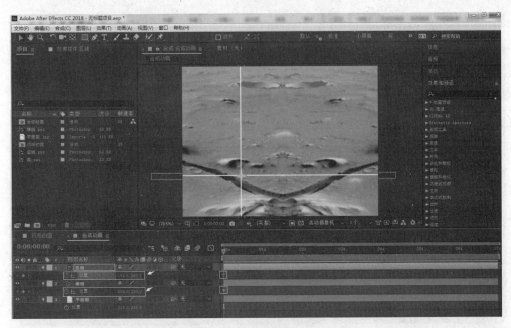

图 2-3-14　横线和竖线第 1 个关键帧

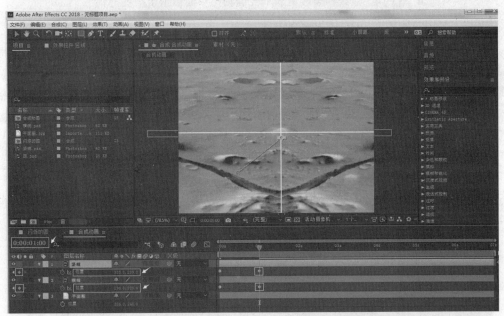

图 2-3-15　横线和竖线第 2 个关键帧

　　7）在 3 秒位置，选中图层"横线"，单击其"位置"属性左侧图标◊，插入第 3 个关键帧，保持"位置"属性值（298,225）不变；接着选中图层"竖线"，单击其"位置"属性左侧图标◊，插入第 3 个关键帧，保持"位置"属性值（335,239）不变；接着选中图层"平面图"后按快捷键 P，打开"位置"选项，单击"位置"属性左侧图标◌创建关键帧，保持"位置"属性值（328,240）不变；选项如图 2-3-16 所示。

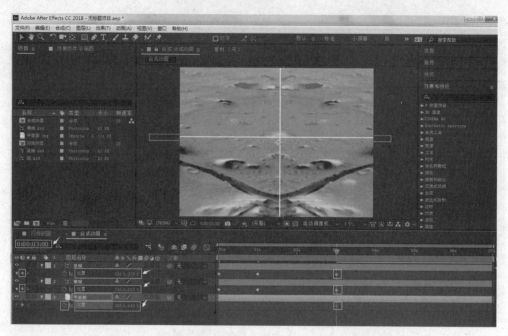

图 2-3-16   横线和竖线第 3 个关键帧,平面图第 1 个关键帧

小贴士

合成动画中,第 1~3 秒线条、平面图都是静止不动。

8)制作图层"平面图"从右向左平移,横线从上向下平移,竖线从左向右平移的动画效果。把时间线定位到 4 秒处,选中图层"平面图",设置"位置"属性值为(234,240),在"合成"窗口中用鼠标把平面图从右向左拖动一定距离;接着选中图层"横线",设置"位置"属性值为(298,373),在"合成"窗口中用鼠标把横线从上往下拖动一定距离;最后选中图层"竖线",设置"位置"属性值为(475,360),在"合成"窗口中用鼠标把竖线从左向右拖动一定距离,如图 2-3-17 所示。

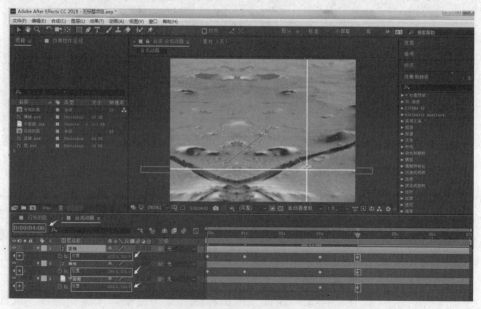

图 2-3-17   平面图第 2 个关键帧,横线和竖线第 4 个关键帧

小贴士

合成动画中第 4 秒处，横线和竖线两条线条分别向下、向右平移到平面图中另外一处高亮显示的地方交会。

03 合成嵌套使用。

1）把合成"闪烁的圆"拖动两次到"合成动画"的图层面板中；在时间线面板中拖动它们，使它们分别在 1 秒 19 帧和 5 秒处开始播放，如图 2-3-18 所示。

图 2-3-18　合成作为另一合成素材

2）调整"闪烁的圆"在"合成"窗口中的位置。使用工具栏中的"选定工具" ，在"合成"窗口中选定"闪烁的圆"后，拖动鼠标将其移到适当位置；或者直接设置"闪烁的圆"在这两个时刻的位置值分别为（343,220）、（473,363），如图 2-3-19 所示。

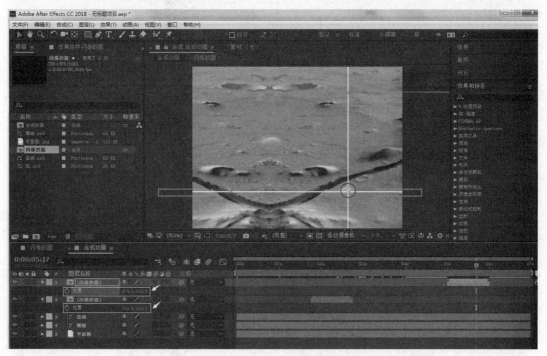

图 2-3-19　位置调整

知识点拨

1. 两个合成各关键帧的辅助合成中缩放设置用表格直观表示，如图 2-3-20 所示。

图层	00 帧	06 帧	12 帧	18 帧	24 帧
闪烁的圆	20%	100%	0%	100%	0%

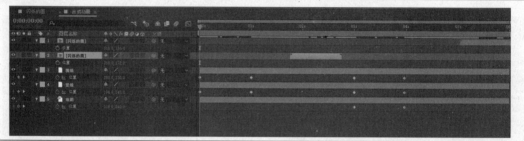

图 2-3-20　辅助合成闪烁圆缩放各关键帧设置

2. 主合成各元素的位置设置如图 2-3-21 所示。

图层	0 秒	1 秒	2 秒	3 秒	4 秒	5 秒	6 秒	7 秒
闪烁的圆			(343,220)			(473,363)		
横线	(298,350)	(298,225)		(298,225)	(298,373)			
竖线	(194,350)	(335,239)		(335,239)	(475,360)			
平面图	(328,240)			(328,240)	(234,240)			

图 2-3-21　设置合成动画中各层位置值

单元小结

通过本单元的学习，读者可以对合成、时间线、图层、图层属性有进一步的认识。本单元重点介绍了位移关键帧动画、缩放关键帧动画、旋转关键帧动画、不透明度关键帧动画等的制作方法和应用，也介绍了利用多个合成制作复杂影像视频。当掌握 AE 制作动画的基本方式和技巧后，使用 AE 进行影视后期制作就会如鱼得水。因为在进行影视后期制作时有时会使用 Photoshop 准备一些前期素材，所以在影视作品制作过程中往往会把 Photoshop 与 AE 结合起来使用。

单 元 练 习

一、判断题

1. 图层只有位置、缩放、旋转、不透明度四个属性。 （   ）
2. 在"项目"面板中单击"新建合成"按钮 ▣，即可新建一个合成。 （   ）
3. 新建合成时设定了合成影像的视频画面宽度和高度之后，就不能再改变视频画面的宽度和高度了。 （   ）
4. 当使用命令 Make Movie 导出影片时，除了可以导出 MOV、WMV 格式外，就不能导出其他格式了。 （   ）
5. 合成影像窗口中的图标 50% ▾，表示目前显示影像画面大小是真实影像画面大小的 50%。 （   ）
6. 新建合成的快捷键是 Ctrl+N。 （   ）

二、填空题

1. 图层的基本属性 Anchor Point、Position、Scale、Rotation、Opcaity 各自表示图层的_____、_____、_____、_____、_____。
2. 对于时间 1:02:04:20 帧，请写出各段数字表示的时间单位，其中 1 的单位为_____，02 的单位为_____，04 的单位为_____，20 的单位为_____。
3. 导出、渲染影片的快捷键是_____，修改合成设置的快捷键是_____。

三、操作题

1. 利用教材资源包中的素材"树苗.psd""树林.jpg"制作树苗在地面慢慢长高的动画效果，具体效果请参照 T1.wmv。
2. 利用教材资源包中的素材"门.psd""门框.jpg"制作门绕门阀慢慢打开的动画效果，具体效果请参照 T2.wmv。
3. 请用 AE 制作实现 T3.wmv 中的小球运动动画视频效果。
4. 参照效果视频，请用 AE 制作 T4.wmv 中的动感文字效果。
5. 利用教材资源包中的素材"足球.wmv"，使用 AE 实现如 T5.wmv 所示的拉镜头视频效果。
6. 利用教材资源包中的素材"足球.wmv"，使用 AE 实现如 T6.wmv 所示的推镜头视频效果。
7. 利用教材资源包中的素材制作一段小球围绕圆做圆周运动的视频，具体效果请参照 T7.wmv。
8. 根据教材资源包中的素材制作一个展示服装动画片。制作出来的动画片给人以动感、时尚、新颖的效果，动画片播放时间不少于 10 秒。

9. 故事情节动画制作，制作主题短片反映"团结就是力量"。一只蚂蚁、两只蚂蚁、三只蚂蚁都搬不动一小颗瓜子，几只蚂蚁时可以稍微挪动瓜子，再多几只时可以搬动瓜子，反映了单只蚂蚁力量是很微弱的，众多蚂蚁团结在一起就可以把食物搬回家。具体效果自由发挥。

10. Photoshop 与 AE 结合应用。利用已提供素材"平面图.jpg"，使用 Photoshop 制作其他缺少的素材，再使用 AE 制作教材资源包中效果片 T10.wmv 所示的影视片头。

11. 制作文字动画。参照教材资源包中的效果 T11.wmv，利用素材"亚运.psd"制作效果视频所示的文字动画效果。

12. 制作图片动画。参照教材资源包中的效果 T12.wmv，利用素材制作图片堆叠的动画效果。

3

单元三 | 遮罩在视频中的应用

技能目标

➢ 掌握遮罩的绘制

➢ 掌握遮罩基本属性的修改

➢ 掌握遮罩动画的制作

遮罩，又称为蒙版，英文 Mask，是一个用路径绘制的区域，用于修改层的 Alpha 通道，控制透明区域和不透明区域的范围。本章主要介绍使用遮罩制作基本遮罩效果及遮罩动画。

当一个遮罩被创建后，位于遮罩范围内的区域是可以被显示的，区域范围外的将不可见。

遮罩工具包括"矩形工具"、"圆角矩形工具"、"椭圆工具"、"多边形工具"、"星形工具"等，如图 3-0-1 所示。

 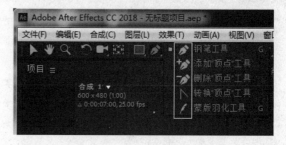

图 3-0-1 遮罩工具

本单元主要学习利用遮罩工具在 AE 中绘制图形或者选定视频画面中的部分镜头，结合遮罩特性制作特定的视频效果，下面通过具体案例进行介绍。

任务一 利用遮罩绘制一个椭圆
——绘制图形

利用遮罩绘制一个椭圆

任务描述

利用工具栏中的"椭圆工具"绘制一个椭圆遮罩，效果如图 3-1-1 所示。

图 3-1-1 绘制椭圆遮罩

任务实现

01 启动 AE。

02 新建一个项目文件。

03 新建一个合成。选择"合成"→"新建合成"命令，在弹出的"合成设置"对话框中设置"合成名称"为"椭圆遮罩","预设"格式为 PAL D1/DV，持续时间为 5 秒，如图 3-1-2 所示。

图 3-1-2　新建合成

04 新建一个白色纯色层。选择"图层"→"新建"→"纯色"命令；或者在合成面板上右击，在弹出的快捷菜单中选择"新建"→"纯色"命令；或者使用快捷键 Ctrl+Y，新建一个纯色层。把纯色层名字设置为"图层 1"、颜色设置为白色，如图 3-1-3 所示。

图 3-1-3　新建纯色层

05 将鼠标指针移到工具箱中的"矩形工具"上，并按住鼠标左键不放就会弹出工具下拉列表，在工具下拉列表中选择"椭圆工具"选项，如图 3-1-4 所示。

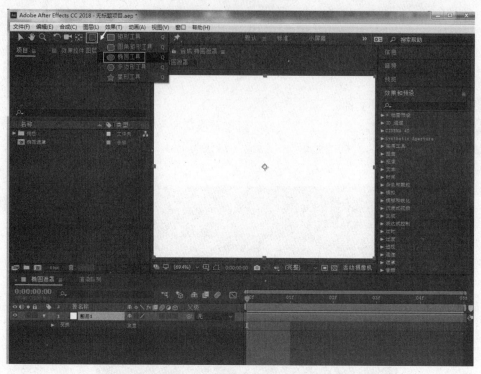

图 3-1-4 选择"椭圆工具"

06 接着使用"椭圆工具"在"合成"窗口中用鼠标拖曳出白色区域，绘制一个椭圆遮罩，如图 3-1-5 所示。

图 3-1-5 绘制椭圆遮罩

07 渲染导出合成影片。选择"合成"→"添加到渲染队列"命令，即可导出动画视频，设置导出视频格式为"QuickTime"，单击"渲染"按钮导出影片，如图 3-1-6 所示。

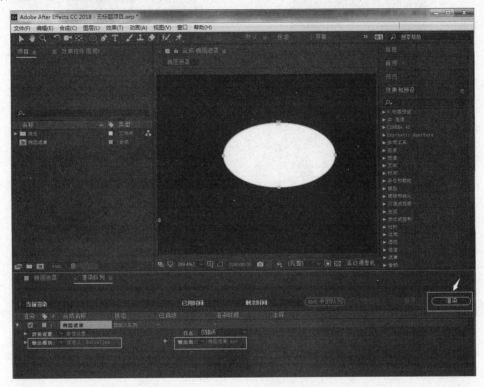

图 3-1-6 渲染影片

08 选择"文件"→"保存"命令，即可保存视频工程源文件。

09 打包文件。选择"文件"→"整理工程（文件）"→"收集文件"命令即可。

> **小贴士**
>
> 如果在输出设置中找不到"QuickTime"视频格式，请下载 QuickTime 解码器安装即可。

知识点拨

1. 利用遮罩绘制图形。
2. 位于遮罩范围内的区域是可以被显示的，区域范围外的将不可见。

拓展训练

1. 在 AE 中利用遮罩工具绘制一个三角形，如图 3-1-7 所示。
2. 在 AE 中利用遮罩工具绘制一个边缘有羽化效果的圆形，如图 3-1-8 所示。

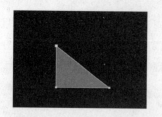 

图 3-1-7 利用遮罩工具绘制三角形 　　　图 3-1-8 利用遮罩工具绘制圆形

3. 在 AE 中通过钢笔工具绘制一个书架形状的遮罩,颜色为绿色,如图 3-1-9 所示。

图 3-1-9 利用钢笔工具绘制书架形状的遮罩

任务二　通过遮罩截取视频部分画面
——视频画面遮罩

■ 任务描述

利用工具栏中的遮罩工具截取素材的部分画面,如图 3-2-1 所示。

图 3-2-1 利用遮罩工具截取素材的部分画面

任务实现

01 启动 AE。

02 新建一个项目文件。

03 新建一个合成。选择"合成"→"新建合成"命令，在弹出的"合成设置"对话框中设置"合成名称"为"遮罩截取部分画面"、合成视频画面宽度为 720 像素（px）、高度为 576 像素（px）、帧速率为 25 帧/秒、持续时间为 5 秒，如图 3-2-2 所示。

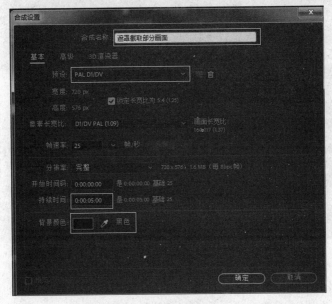

图 3-2-2 新建合成

04 导入一张图片素材。选择"文件"→"导入"→"文件"命令，或者使用快捷键 Ctrl+I 导入文件，如图 3-2-3 所示。

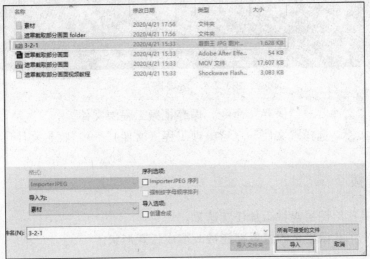

图 3-2-3 导入文件

05 用鼠标选择导入的素材并拖到合成面板上。

06 选择工具箱中的"钢笔工具",然后在"合成"窗口中用鼠标绘制手表的轮廓遮罩,如图 3-2-4 所示。

图 3-2-4　钢笔遮罩

07 渲染导出合成影片。选择"合成"→"添加到渲染队列"命令,导出动画视频,设置导出视频格式为"QuickTime",单击"渲染"按钮,如图 3-2-5 所示。

图 3-2-5　渲染影片

08 选择"文件"→"保存"命令,保存视频工程源文件。

09 打包文件。选择"文件"→"整理工程(文件)"→"收集文件"命令即可。

📖 知识点拨

1. 钢笔工具能给图层素材添加任意遮罩。
2. 任意遮罩工具做出来的遮罩都能被改变成任意形状。

拓展训练

通过遮罩工具给视频做一个上下黑屏遮罩，如图 3-2-6 所示。

图 3-2-6　利用遮罩工具制作上下黑屏遮罩

任务三　制作望远镜效果
——遮罩移动动画

制作望远镜效果

任务描述

　　本任务学习遮罩动画，运用遮罩制作动画，实现遮罩层中的内容在动，而被遮罩层中的内容保持静止；利用遮罩技术在 AE 中制作特定的动画效果。

　　本任务要求利用工具栏中的遮罩工具制作望远镜效果，如图 3-3-1 所示。

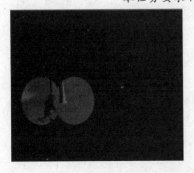 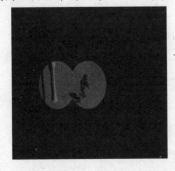 

图 3-3-1　利用遮罩工具制作望远镜效果

任务实现

01 启动 AE。

02 新建一个项目文件。

03 新建一个合成。选择"合成"→"新建合成"命令，在弹出的"合成设置"对话框中设置"合成名称"为"望远镜制作"，合成视频画面宽度为 720 像素（px）、高度为 576px（像素）、帧速率为 25 帧/秒、持续时间为 3 秒，如图 3-3-2 所示。

图 3-3-2　新建合成

04 导入素材。选择"文件"→"导入"→"文件"命令，选择望远镜效果文件夹中的"素材"并导入"项目"面板，然后将"素材"拖到合成面板上，如图 3-3-3 所示。

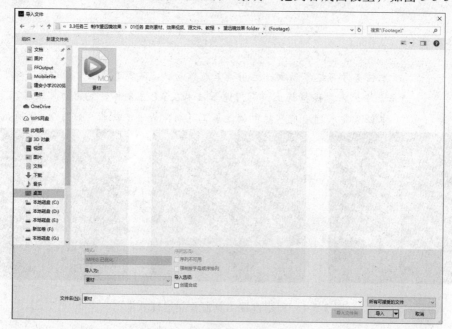

图 3-3-3　导入素材

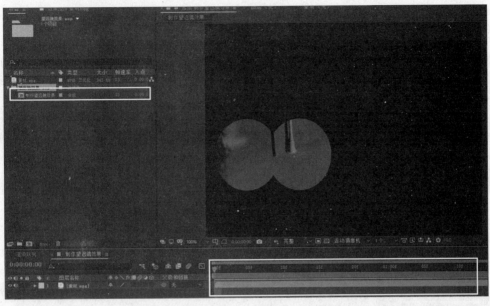

图 3-3-3（续）

05 将鼠标指针移到工具箱中的"矩形工具"上，按住鼠标左键不放就会显示其他选项，这里选择"椭圆工具"，然后在"合成"窗口中用鼠标拖动的同时按住 Shift 键，绘制一个正圆形遮罩，如图 3-3-4 所示。

06 为了使两个镜筒大小一致，选择合成面板上的素材文件并展开素材的遮罩属性，选择 Mask 1（按快捷键 Ctrl+D）复制，得到 Mask 2，如图 3-3-5 所示。

图 3-3-4 椭圆遮罩

图 3-3-5 复制遮罩

07 用选择工具选择 Mask 2，然后在"合成"窗口中选择 Mask 2 中的一个遮罩点，再按住 Shift 键并组合方向键移动 Mask 2 至如图 3-3-6 所示的位置。

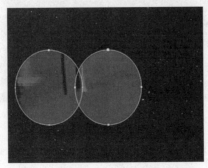

图 3-3-6 移动遮罩

08 移动时间线到 18 帧处，继续展开 Mask 1、Mask 2 属性，并在 18 帧处分别给 Mask 1、Mask 2 的"蒙版路径"添加关键帧，如图 3-3-7 所示。

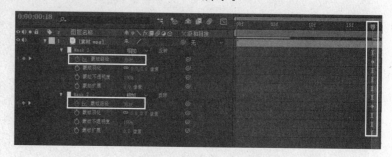

图 3-3-7　为 Mask 1、Mask 2 "蒙版路径"添加关键帧

09 移动时间线到 2 秒 10 帧处，选择 Mask 1、Mask 2，如图 3-3-8 所示，然后用鼠标选择 Mask 1 或 Mask 2 的任意一个遮罩点，拖动到如图 3-3-9 所示的位置。

图 3-3-8　设定动画关键帧

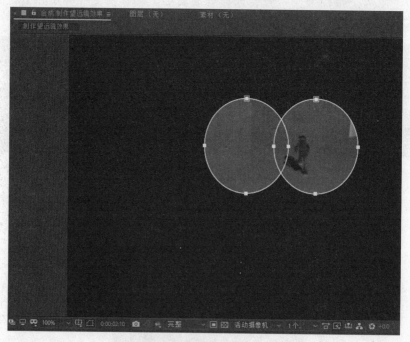

图 3-3-9　移动遮罩

10 按小键盘上的数字键"0"进行预览，并适当调整关键帧的位置。

11 渲染导出合成影片。选择"合成"→"添加到渲染队列"命令导出动画视频，设置导出视频格式为"QuickTime"，如图3-3-10所示。

图3-3-10 渲染影片

12 打包文件。选择"文件"→"整理工程（文件）"→"收集文件"命令，即可打包文件。

知识点拨

通过给遮罩路径设定关键帧，可以实现对遮罩点进行任意变形和位置移动动画。

拓展训练

用遮罩工具制作一个由远处移动到镜前发光拖尾的小球动画，如图3-3-11所示。

图3-3-11 发光拖尾的小球动画

任务四 制作遮罩动画
——遮罩变形动画

制作遮罩动画

任务描述

利用工具栏中的遮罩工具制作遮罩动画，如图3-4-1所示。

图 3-4-1　遮罩动画效果

任务实现

01 启动 AE。

02 新建一个项目文件。

03 新建一个合成。选择"合成"→"新建合成"命令，在弹出的"合成设置"对话框中设置"合成名称"为"遮罩动画"，合成视频画面宽度为 720 像素（px）、高度为 576 像素（px）、帧速率为 25 帧/秒、持续时间为 5 秒，如图 3-4-2 所示。

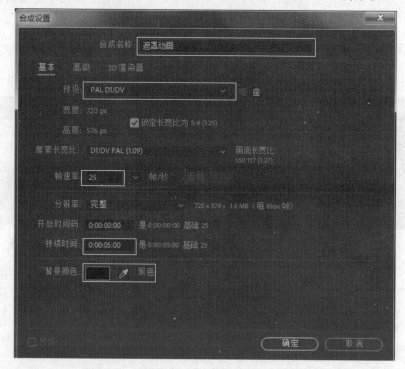

图 3-4-2　新建合成

04 在工具栏中选择"文字工具"，然后在"合成"窗口中单击就会出现输入文字的提示光标，在合成面板中会自动生成一个文字图层，如图 3-4-3（a）所示。

05 在光标处输入需要的文字"第三章遮罩动画"，如图 3-4-3（b）所示。

06 在工具栏中选择"矩形工具"为文字绘制两个遮罩，如图 3-4-4 所示。

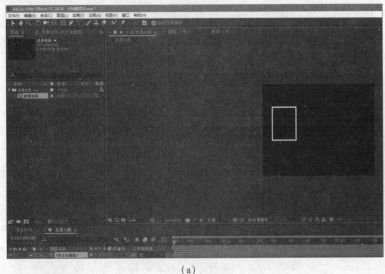

(a)   (b)

图 3-4-3 创建文字图层

07 将时间线移动到 0 秒位置，选中图层并展开遮罩的属性，分别单击 Mask 1 和 Mask 2 的遮罩路径属性左侧的码表图标添加关键帧，如图 3-4-5 所示。

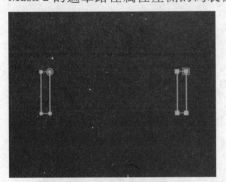
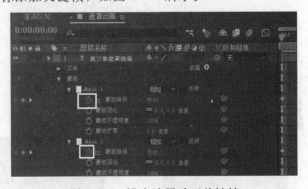

图 3-4-4 添加矩形遮罩   图 3-4-5 设定遮罩动画关键帧

08 把时间线移动到 15 帧处，分别选择 Mask 1 和 Mask 2，并拖动到如图 3-4-6 所示的位置。

09 为了将文字完全显示出来，还得为遮罩路径设置第 3 个关键帧。将时间线移动到 1 秒处，再将两个遮罩拖动到如图 3-4-7 所示的位置。

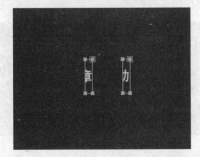
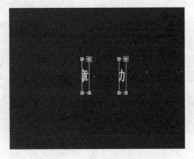

图 3-4-6 移动遮罩 1   图 3-4-7 移动遮罩 2

10 选择"文件"→"保存"命令，保存视频工程源文件。

11 渲染导出合成影片。选择"合成"→"添加到渲染队列"命令导出动画视频，设置导出视频格式为"QuickTime"，如图 3-4-8 所示。

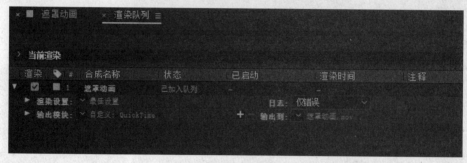

图 3-4-8　渲染影片

12 打包文件。选择"文件"→"整理工程（文件）"→"收集文件"命令，即可打包文件。

知识点拨

1. 以文字作为背景。
2. 分别给遮罩点设定多个关键帧，移动遮罩点可以使文字产生动画效果。

拓展训练

1. 制作一个由四边形变成三角形的遮罩动画，如图 3-4-9 所示。

图 3-4-9　四边形变成三角形的遮罩动画

2. 制作一个用光扫文字的动画效果，如图 3-4-10 所示。

图 3-4-10　用光扫文字的动画效果

任务五　制作遮罩转场效果
——遮罩移动动画

■ 任务描述

利用工具栏中的遮罩工具制作遮罩转场效果，如图 3-5-1 所示。

图 3-5-1　遮罩转场效果

任务实现

01 启动 AE。

02 新建一个项目文件。

03 导入素材 1.jpg、2.jpg。选择"文件"→导入"→"文件"命令，如图 3-5-2 所示。

图 3-5-2　导入素材

04 在"项目"面板中选择"制作遮罩转场效果"合成文件，然后选择"合成"→"合成设置"命令，如图 3-5-3 所示。

小贴士

修改已建好的固态层颜色，按 Ctrl+Shift+Y 快捷键。

图 3-5-3　选择"合成"→"合成设置"命令

05 修改合成设置。在弹出的"合成设置"对话框中设置"合成名称"为"制作遮罩转场效果"，"预设"选择"HDV/HDTV 720 25"，"像素长宽比"选择"方形像素"，"持续时间"为 3 秒，如图 3-5-4 所示。

图 3-5-4　修改合成设置

06 把调入的两张素材图片拖到合成面板上。

07 调整好图片顺序，如图 3-5-5 所示。

图 3-5-5　调整图片顺序

08 把时间线移到 35 帧处，选择矩形工具，在"2"上进行操作，绘制一个矩形遮罩，如图 3-5-6 所示。

图 3-5-6　新建遮罩

09 绘制多个矩形遮罩，此时矩形遮罩大小长度都应大致相同，绘制遮罩直到看不见"1"为止，给全部蒙版路径打上关键帧，如图 3-5-7 和图 3-5-8 所示。

图 3-5-7　绘制遮罩

图 3-5-8　打关键帧

10 回到首帧，选中"蒙版 1"，进行自由变换（快捷键 Ctrl+T），然后收缩"蒙版 1"，如图 3-5-9 和图 3-5-10 所示。

图 3-5-9　选中"蒙版 1"

图 3-5-10　收缩"蒙版 1"

11 把时间线移到第 5 帧处，选中"蒙版 2"，进行自由变换（快捷键 Ctrl+T），然后收缩"蒙版 2"，如图 3-5-11 和图 3-5-12 所示。

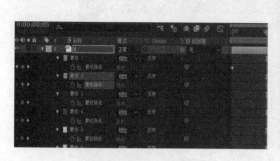

图 3-5-11 选中"蒙版 2"

图 3-5-12 收缩"蒙版 2"

12 给蒙版路径打上关键帧，每 5 帧就收缩一个蒙版，直到最后一个蒙版也收缩到最前面，如图 3-5-13 和图 3-5-14 所示。

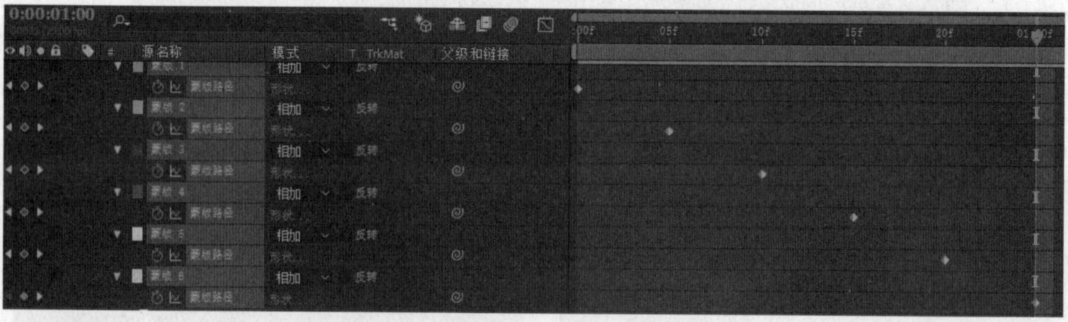

图 3-5-13 打关键帧

13 选择全部关键帧，在关键帧上右击，在弹出的快捷菜单中选择"关键帧辅助"→"缓动"命令，如图 3-5-15 所示。

图 3-5-14 收缩蒙版

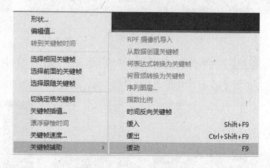

图 3-5-15 添加效果

14 选择"文件"→"保存"命令，保存视频工程源文件。

15 渲染导出合成影片。选择"合成"→"添加到渲染队列"命令，导出动画视频，设置导出视频格式为"QuickTime"，如图 3-5-16 所示。

图 3-5-16　渲染影片

16 打包文件。选择"文件"→"整理工程（文件）"→"收集文件"命令，即可打包文件。

知识点拨

缓动可以让整个动画看起来更加流畅。

拓展训练

用任务五的素材制作一个五角星遮罩转场的效果，如图 3-5-17 所示。

图 3-5-17　五角星遮罩转场的效果

任务六　给字幕添加下划线
——遮罩线条动画

给字幕添加下划线

任务描述

用钢笔工具在固态层上绘制一条遮罩直线，选择"效果"→"生成"→"描边"命令，做出对两行文字添加下划线的效果，如图 3-6-1 所示。

图 3-6-1 遮罩线条动画

任务实现

01 启动 AE。

02 新建一个项目文件。

03 新建一个合成。选择"合成"→"新建合成"命令，在弹出的"合成设置"对话框中设置"合成名称"为"下划线"，"预设"选择"PAL D1/DV"，"像素长宽比"选择"D1/DV PAL（1.09）"，将持续时间设为 5 秒，如图 3-6-2 所示。

04 选择工具栏的文字工具，单击"合成"窗口，在光标处输入文字，如图 3-6-3 所示。

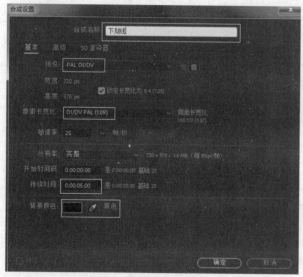

图 3-6-2 新建合成   图 3-6-3 输入文字

05 新建一个红色纯色层。选择"图层"→"新建"→"纯色"命令；或者在合成面板上右击，在弹出的快捷菜单中选择"新建"→"纯色"命令；或者按快捷键 Ctrl+Y，新建一个固态层，如图 3-6-4 所示。

06 选择"钢笔工具"在新建的固态层上画一条直线，如图 3-6-5 所示。

07 在合成面板上选择固态层，选择"效果"→"生成"→"描边"命令，如图 3-6-6 所示。设置添加效果如图 3-6-7 所示。

图 3-6-4　新建固态层

图 3-6-5　绘制遮罩线

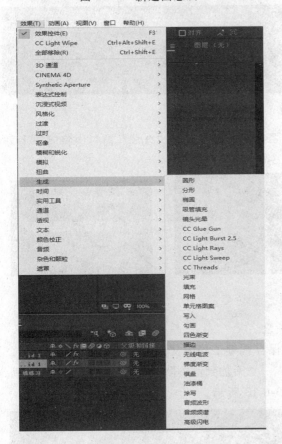

图 3-6-6　选择"效果"→"生成"→"描边"命令

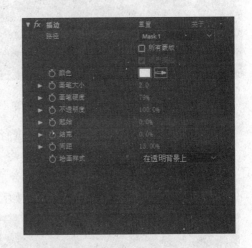

图 3-6-7　添加效果

08 设置下划动画效果。把时间线移到 0 秒处，将结束打上关键帧，结束值设为 0%，绘画样式选择"在透明背景上"，然后将时间线移到 2 秒处，将结束值设为 100%，如图 3-6-8 所示，效果如图 3-6-9 所示。

图 3-6-8　修改效果参数

图 3-6-9　效果

09 在合成面板中按快捷键 Ctrl+D 复制固态层，将复制的固态层入画点往后移至 2 秒处，如图 3-6-10 所示。

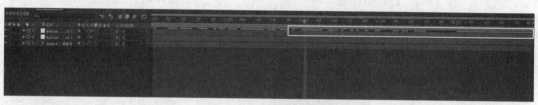

图 3-6-10　复制图层

10 展开固态层的遮罩属性，选择遮罩，用选择工具在"合成"窗口中将遮罩下划线移到第二排文字下方，如图 3-6-11 和图 3-6-12 所示。

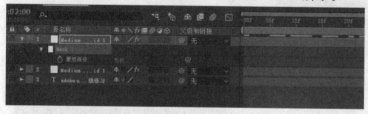

图 3-6-11　移动遮罩

图 3-6-12　移动遮罩效果

11 按小键盘上的数字键"0"进行预览。

12 选择"文件"→"保存"命令，保存视频工程源文件。

13 渲染导出合成影片。选择"合成"→"添加到渲染队列"命令，导出动画视频，设置导出视频格式为"QuickTime"，如图 3-6-13 所示。

图 3-6-13　渲染影片

14 打包文件。选择"文件"→"整理工程（文件）"→"收集文件"命令，即可打包文件。

知识点拨

绘制封口的遮罩可以给画面添加遮罩效果，绘制不封口的遮罩则可以配合插件当线条使用。

拓展训练

1. 制作一个流动的光动画，如图 3-6-14 所示。

图 3-6-14 流动的光动画效果

2. 制作一个让文字沿遮罩路径移动文字的动画效果，如图 3-6-15 所示。

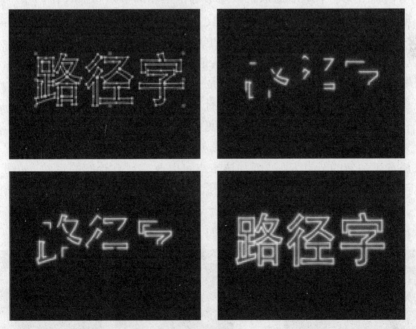

图 3-6-15 沿遮罩路径移动文字的动画效果

■知识链接

（1）矩形工具

用鼠标选择工具箱中的"矩形工具"，然后在"合成"窗口中按住鼠标左键不放，通过拖曳鼠标可以绘制出一个矩形遮罩，如图 3-6-16 和图 3-6-17 所示。

图 3-6-16　矩形遮罩工具

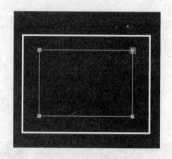

图 3-6-17　绘制矩形遮罩

不管用哪种工具创建遮罩形状，都可以从创建的形状上发现小的方形控制点，这些方形控制点就是节点。选中状态的节点小方块将呈现实心方形，而没有选中状态的节点为空心方形。选择节点有以下两种方法。

方法 1：单击选择。使用选取工具 ▶ 在节点位置处单击，即可选择一个节点。如果想选择多个节点，可以按住 Shift 键的同时分别单击要选择的节点。

方法 2：当遮罩处于选中状态时，用选取工具 ▶ 拖动。在"合成"窗口中单击鼠标并拖动，将出现一个矩形选框，被矩形选框框住的节点将被选择。

（2）钢笔工具

将鼠标移到工具栏钢笔工具图标上，单击并按住鼠标左键不放，可以展开钢笔工具并显示被隐藏的其他工具，如图 3-6-18 所示。利用钢笔工具进行遮罩绘制与调节是一项必须掌握的基本功。在工具栏中选择钢笔工具，鼠标指针将变成钢笔形状，然后在"合成"窗口中的任意处单击，即可绘制遮罩。

> **小贴士**
>
> 如果有多个独立的遮罩形状，按 Alt 键并单击其中一个节点，可以快速选择该遮罩的形状。

选择 Add Vertex Tool ✚（添加节点工具），可以在已画好的遮罩线上任意添加新的节点，通过添加该节点可以改变现有轮廓的形状，如图 3-6-19 所示。也可以使用 Delete Add Vertex Tool ✦（删除添加节点工具），可以删除已经存在的节点，如图 3-6-20 所示。选择 Convert Vertex Tool ◤（转换节点工具），可以将遮罩角点和曲线进行快速转换，如图 3-6-21 所示。

图 3-6-18　钢笔工具

图 3-6-19　遮罩节点

（3）遮罩的大小、旋转和移动

当调整遮罩的大小、进行旋转变换和调整位移时，双击遮罩线上的任意一个地方，就会出现图 3-6-22 所示的控制整个遮罩的一个控制框，通过这个控制框可以调整遮罩的大小、进行旋转和移动遮罩。如果要对控制框取消选择，只需双击控制框，也可以按 Esc 键或 Enter 键来取消选择。

 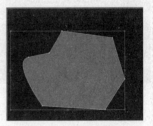

图 3-6-20　删除遮罩节点　　图 3-6-21　转换遮罩角点和曲线　　图 3-6-22　调整遮罩

将鼠标移到控制框的控制点上选择任意一点，再按住鼠标拖曳可以对遮罩进行放大、缩小的控制，如图 3-6-23 所示。在拖曳鼠标的同时按住 Shift 键可以按照遮罩等比例缩放，如图 3-6-24 所示。

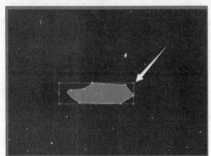 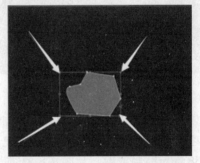

图 3-6-23　缩放遮罩　　　　　　　　图 3-6-24　等比例缩放遮罩

如果要移动控制框，则直接用鼠标单击控制框内部的任意一个地方进行拖曳即可。也可以按键盘上的方向键来移动控制框，如图 3-6-25 所示。如果要旋转控制框，只要将鼠标移到控制框边上，当鼠标形状变成旋转工具形状时，可以通过拖动鼠标旋转遮罩，如图 3-6-26 所示。

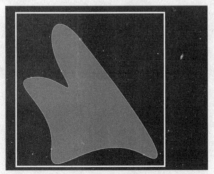 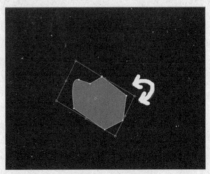

图 3-6-25　移动遮罩　　　　　　　　图 3-6-26　旋转遮罩

（4）遮罩的属性

绘制遮罩后，所在层的属性中就会多一项遮罩属性，通过对这些属性的设置可以精确控制遮罩，如图 3-6-27～图 3-6-29 所示。

图 3-6-27　遮罩属性 1

图 3-6-28　遮罩属性 2

单击遮罩名称右侧的遮罩混合模式列表框下拉按钮 ，就会弹出下拉列表，从中可以选择不同的遮罩混合模式，如图 3-6-30 所示。

图 3-6-29　遮罩属性 3

图 3-6-30　遮罩混合模式下拉列表

① 无：该模式是指遮罩没有添加任何混合模式。

② 相加：在默认情况下，遮罩使用的是相加模式，如果有两个遮罩叠加在一起时，将添加控制范围，如图 3-6-31 所示。

图 3-6-31　相加模式

③ 相减：该模式是指遮罩单独存在的时候，可以显示遮罩区域以外的外部区域，如图 3-6-32 所示。如果两个遮罩叠加在一起时，对遮罩 1 选择相减而对遮罩 2 选择相加，就会取出遮罩的重叠部分，如图 3-6-33 所示。如果遮罩 1、遮罩 2 同时选择相减，就会只留下遮罩区域以外的部分，如图 3-6-34 所示。

图 3-6-32　相减模式（外部区域）

图 3-6-33　相减模式（重叠部分）

图 3-6-34　相减模式（遮罩区域以外）

④ 交集：该模式是指遮罩叠加在一起时，只保留相交的部分，如图 3-6-35 所示。

⑤ 变亮：该模式是指遮罩叠加在一起时，相交区域加亮控制范围。在应用变亮模式时，一定要调整其他选项的值。在遮罩 2 上将遮罩不透明度的值设置为 50%，将遮罩 1 的不透明度的值设置为 100%，如图 3-6-36 所示。在调整了遮罩透明度的值以后，再将遮罩 2 的模式设为变亮模式，如图 3-6-37 所示。

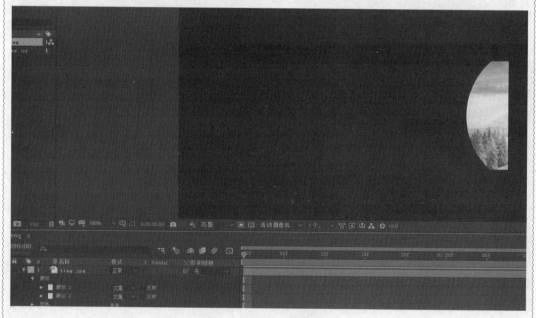

图 3-6-35　交集模式

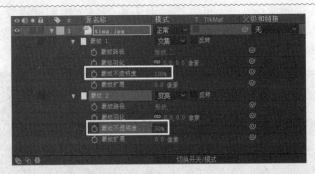

图 3-6-36　设置变亮模式参数

图 3-6-37　将遮罩 2 设为变亮模式

⑥　变暗：该模式是指遮罩叠加在一起时，相交区域减暗控制范围，与变亮效果相反。

⑦　差值：该模式是指两个遮罩叠加在一起时，只显示出重叠部分以外的区域，而重叠部分显示不出来，如图 3-6-38 所示。

图 3-6-38　差值模式

⑧ 蒙版路径：控制蒙版外形，可以通过对蒙版的每个控制点设置关键帧来实现。

⑨ 蒙版羽化：控制蒙版范围的羽化，通过修改羽化值可以改变蒙版控制范围内外之间的过渡效果，如图 3-6-39 和图 3-6-40 所示。

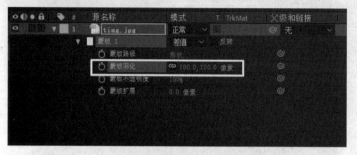

图 3-6-39　设置蒙版羽化属性

图 3-6-40　蒙版羽化效果

⑩ 蒙版不透明度：用来控制蒙版范围的透明度。

⑪ 蒙版扩展：控制蒙版的扩张范围。在不移动蒙版的情况下，扩张蒙版范围。

> **小贴士**
>
> 　　快速展开图层里添加的蒙版属性，只要选择相应图层并按下键盘上的 M 键，就可以显示所添加的蒙版。

■ 单 元 小 结

　　本单元主要介绍了遮罩的添加方式、遮罩的参数设置、动画设置，相对来说并不难学，关键是如何将遮罩运用得合理又巧妙，如何结合其他章节的内容制作出更加复杂炫丽的效果。遮罩是视频图像制作时经常用到的编辑手段，应多加练习以便熟练掌握及运用。

单 元 练 习

一、判断题

1. 只有工具栏里的钢笔工具才能绘制不规则遮罩。   （   ）
2. 在使用遮罩路径工具给遮罩做动画时，与文件属性里的位置移动完全一样。

（   ）
3. 对所有图片、文字图层都能添加遮罩，而视频文件不能添加遮罩。   （   ）
4. 如果修改遮罩图层的不透明度，只能在遮罩属性下面修改。   （   ）

二、填空题

1. 在 AE 中，如果对图层添加了遮罩，则遮罩属性里分别有_____、_____、_____、_____、_____设置。
2. 工具栏中遮罩的工具包括_____、_____、_____、_____、_____、_____。
3. 同一图层有两个遮罩时，其默认的叠加方式是_____。

三、操作题

1. 一般视频回忆的场景处理方法是把视频边缘用遮罩做一个视频画面虚边效果，请参考相关特技处理进行理解并做出相应效果。
2. 任意输入几个文字，把文字转换成遮罩，然后添加动画描边效果。
3. 用遮罩制作一个爬行小虫的动画。
4. 试着用遮罩制作一个地图的导航线。

4

单元四　影视特效的应用

技能目标

➤ 认识特效的作用

➤ 了解常见特效及特效的功用

➤ 掌握多个特效组合的使用

➤ 了解特效面板使用、特效参数设置

➤ 了解强大外挂滤镜（插件）的功能

➤ 能够灵活使用特效制作多彩影视效果

特效又称为滤镜或者效果，AE 中有各种各样的特效，利用这些特效可以使视频变得更加丰富多彩且生动。现在很多影视作品中都加入了各种特效，从而使影片更有吸引力，提高了影片的艺术欣赏价值。AE 具有强大的影视特效功能，图 4-0-1 所示为 AE 提供的特效菜单项。

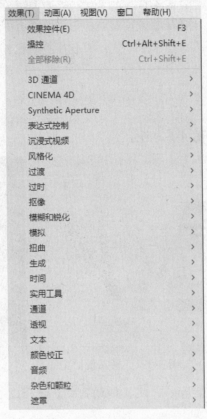

图 4-0-1　特效菜单

任务一　活动计算机屏幕
——视频画面边角变形

活动计算机屏幕

任务描述

本任务利用 AE 内置特效，制作视频边角变形效果，通过边角定位特效对视频画面四个角的位置进行调整，从而适当改变视频画面的形状，使视频画面形状与计算机屏幕形状相匹配，如图 4-1-1 所示。

图 4-1-1　部分镜头效果

任务实现

01 启动 AE。

02 新建一个工程文件。

03 导入素材文件，如图 4-1-2 所示。

图 4-1-2　导入素材文件

04 选中素材文件"电脑.jpg"，将其拖动到"新建合成"按钮 上，新建一个合成，如图 4-1-3 所示。

图 4-1-3　新建一个合成

05 把素材"足球赛.wmv"拖动到合成面板上，并调整它在"合成"窗口中的上下位置，如图 4-1-4 所示。

图 4-1-4　拖动素材到合成面板

06 选中工具栏中的选取工具▶，通过这个工具调整"足球赛.wmv"在"合成"窗口中的大小和位置，如图 4-1-5 所示。

07 选中"足球赛.wmv"图层，选择"效果"→"扭曲"→"边角定位"命令，使用鼠标对视频画面中的四个角进行调整，最终效果如图 4-1-6 所示。

08 预览效果，导出影片。

图 4-1-5　调整视频画面的大小和位置

图 4-1-6　最终效果

知识点拨

通过运用边角定位特效实现视频画面的形状变形效果。

拓展训练

参照教材资源包中的样片制作视频画面变形的效果。

| 任务二 | 球面文字动画
——字体变形效果 |
球面文字动画 |

任务描述

本任务制作球面文字动画，通过凸出特效增加文字凸起（球面）效果，如图 4-2-1 所示。

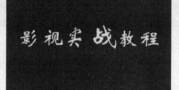

图 4-2-1　球面文字特效

任务实现

01 启动 AE。

02 新建一个项目文件。

03 按快捷键 Ctrl+N，弹出"合成设置"对话框，在"合成名称"文本框中输入"球面文字"，其他选项的设置如图 4-2-2 所示，然后单击"确定"按钮，即可创建一个新的合成。

04 选择工具栏中的文本工具，在"合成"窗口中输入文字"影视实战教程"，字体为华文新魏，颜色为白色，大小为 80，如图 4-2-3 所示。

05 选择文本图层，然后选择"效果"→"扭曲"→"凸出"命令，添加应用文字凸起（球面）效果，如图 4-2-4 所示。

06 打开"效果控件"面板，设置文字凸起动画，如图 4-2-5 所示。

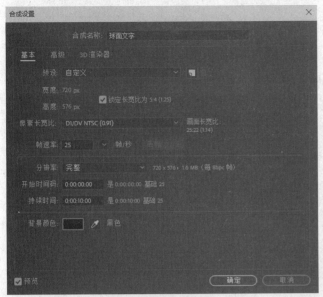

图 4-2-2　新建合成

图 4-2-3　输入文字

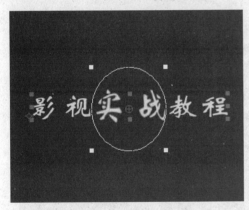

图 4-2-4　文字凸起特效

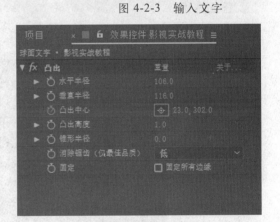

图 4-2-5　参数设置

07 将时间线移到 0 秒处，然后单击"效果控件"面板中"凸出中心"左侧码表图标，设置参数为（23，302），这里我们只改变 X 轴方向的坐标。然后将时间线移到 3 秒处，设置"凸出中心"参数为（711，318），这样就生成了一个文字由左依次向右凸起变化的动画，如图 4-2-6 所示。

  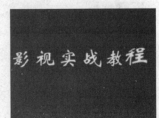

图 4-2-6　最终效果

08 预览效果，导出影片。

知识点拨

通过凸出特效增加文字凸起（球面）效果。

拓展训练

参照教材资源包中的样片制作文字球面变形过渡的效果。

任务三 数字流星效果
——字体粒子效果

数字流星效果

任务描述

本任务利用粒子运动场的粒子效果制作数字下雨的动画，如图 4-3-1 所示。

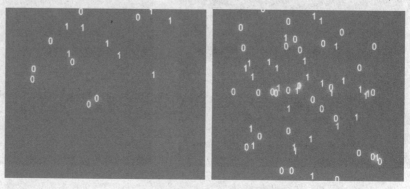

图 4-3-1 数字下雨动画效果

任务实现

01 启动 AE。

02 新建一个项目文件。

03 按快捷键 Ctrl+N，弹出"合成设置"对话框，在"合成名称"文本框中输入"数字流星"，其他选项的设置如图 4-3-2 所示，单击"确定"按钮，即可创建一个新的合成。

04 按快捷键 Ctrl+Y，弹出"纯色设置"对话框，在"名称"文本框中输入"数字"，背景颜色为黑色，如图 4-3-3 所示。

05 选择"效果"→"模拟"→"粒子运动场"命令，打开"粒子运动场"特效面板，如图 4-3-4 所示。

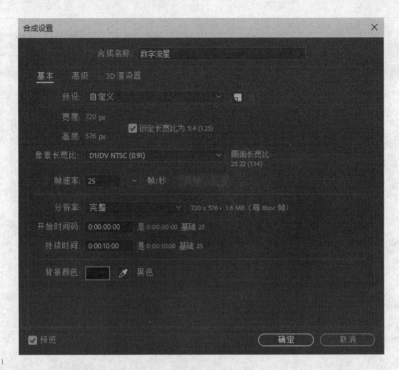

图 4-3-2　新建合成

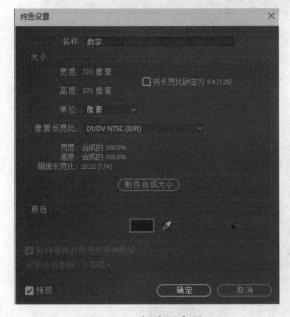

图 4-3-3　新建固态层

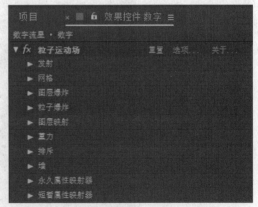

图 4-3-4　粒子运动场特效

06 设置粒子运动场特效参数，展开"发射"属性，将粒子发射源的位置设为（340,20）；设置圆筒半径（粒子的活动半径）为 280，设置方向（发射方向）为 0x+180°，设置速率（发射速度）为 40，设置粒子半径（颗粒大小）为 30。展开"重力"属性，设置力（重力大小）为 700；设置方向（重力方向）为 0x+180°，如图 4-3-5 所示。

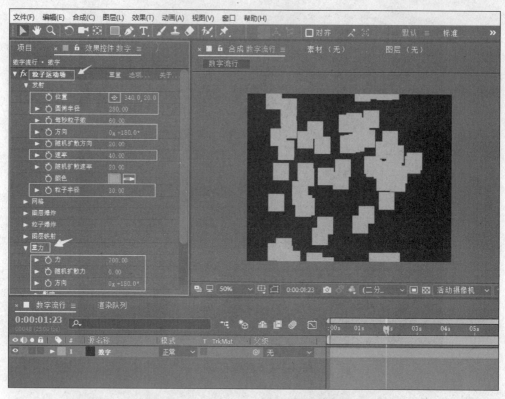

图 4-3-5　粒子运动场特效参数设置

07 单击粒子运动场特效上方的"选项"按钮,弹出"粒子运动场"对话框,如图 4-3-6 所示。

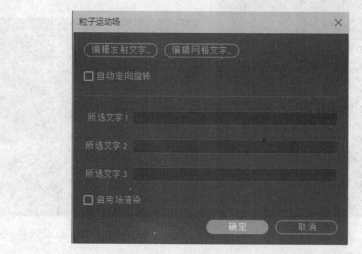

图 4-3-6　"粒子运动场"对话框

08 单击"编辑发射文字"按钮,然后在弹出的"编辑发射文字"对话框的文字输入框中输入任意数字和字母,如图 4-3-7 所示。

09 选中"数字"纯色层,然后选择"效果"→"风格化"→"发光"命令,设置特效参数如图 4-3-8 所示。

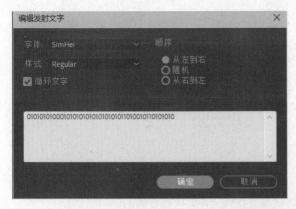
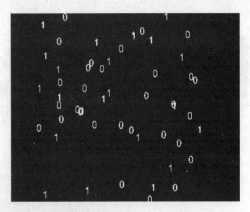

图 4-3-7 "编辑发射文字"对话框及效果

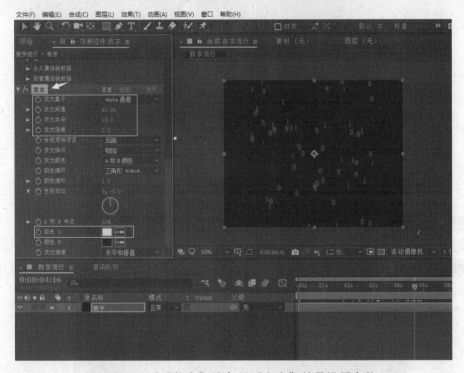

图 4-3-8 对"数字"纯色层"发光"效果设置参数

10 预览效果，导出影片。

🔲 知识点拨

粒子运动场特效主要用于物体间的相互作用，利用它还可以做出如喷泉、雪花等效果。

🔲 拓展训练

参照教材资源包中的样片制作文字爆炸效果。

任务四　透过窗户之景
——颜色键抠像

■ 任务描述

本任务利用颜色键特效抠像，制作如图 4-4-1 所示的效果。

图 4-4-1　抠像后的视频效果

☐ 任务实现

01 启动 AE。

02 新建一个项目文件，导入素材"窗.jpg"和"课室.wmv"，如图 4-4-2 所示。

03 拖动"课室.wmv"素材至"新建合成"按钮 ▣ 上，新建一个合成，如图 4-4-3 所示。

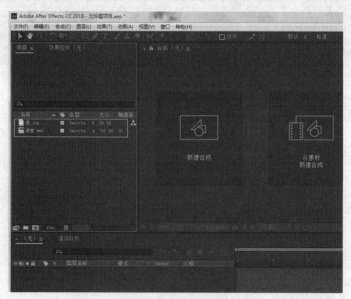

图 4-4-2　导入素材

图 4-4-3　新建合成

04 将素材"窗.jpg"拖到"合成"窗口中，调整其在"合成"窗口中的大小，如图 4-4-4 所示。

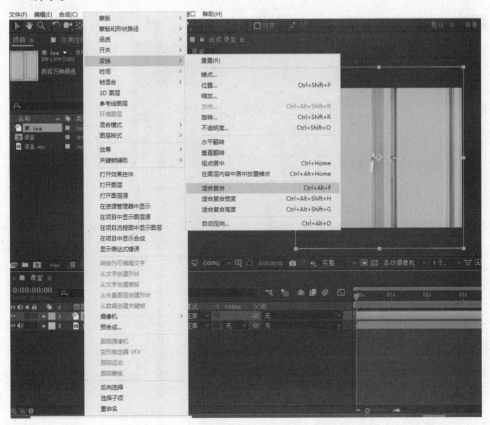

图 4-4-4　调整"窗.jpg"在"合成"窗口中的大小

05 选中图层"窗.jpg",选择"效果"→"过时"→"颜色键"命令,然后设定颜色键特效的参数,如图 4-4-5 所示。

图 4-4-5 使用颜色键特效抠像

06 预览效果,导出影片,如图 4-4-6 所示。

图 4-4-6 最终效果

知识点拨

对于一些简单的抠像只使用一个特效就可以实现。

拓展训练

参照教材资源包中的样片制作颜色键抠像效果。

制作马赛克效果

任务五 | 制作马赛克效果

——应用马赛克特效

■ 任务描述

本任务学习使用马赛克特效制作马赛克效果，如图 4-5-1 所示。

图 4-5-1 局部马赛克效果

任务实现

01 启动 AE。

02 新建一个项目文件，导入素材"ke.mpg"到"项目"面板上，如图 4-5-2 所示。

图 4-5-2 导入素材

03 拖动素材"ke.mpg"至"新建合成"按钮 ▣ 上，新建一个合成，如图 4-5-3 所示。

图 4-5-3　新建合成

04 在合成面板中，用鼠标选中图层 1，然后按快捷键 Ctrl+D 或者选择"编辑"→"重复"命令，复制图层 1 生成一个新的图层，如图 4-5-4 所示。

图 4-5-4　生成一个新的图层

05 选中图层 1，给图层 1 添加视频特效，选择"效果"→"风格化"→"马赛克"命令，添加马赛克效果，如图 4-5-5 所示。

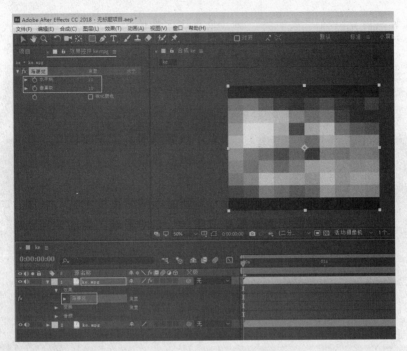

图 4-5-5　添加马赛克效果

06 单击工具栏中的椭圆工具，绘制一个蒙版，通过蒙版选中要进行马赛克的部分，如图 4-5-6 所示。

图 4-5-6　选中要进行马赛克的部分

07 设置马赛克特效"水平块"与"垂直块"数值为 15，这个数值越大，马赛克方格则越小；将时间线移到 2 秒处，给蒙版路径创建第 1 个关键帧，如图 4-5-7 所示。

图 4-5-7　蒙版路径的第 1 个关键帧

08 将时间线移到 3 秒 14 帧处，插入第 2 个关键帧，用鼠标选中工具栏中的"选取工具"，调整蒙版的形状与位置，把人物脸部盖住，如图 4-5-8 所示。

图 4-5-8　蒙版路径的第 2 个关键帧

09 预览效果，可以看到第 1 个关键帧、第 2 个关键帧之间马赛克效果的变化，导出影片。

知识点拨

如果不想显示视频画面中的一些人物或某主体（如动物、字体等），那么需要给人物或某主体添加马赛克效果。如果只是对视频画面中的部分镜头画面制作马赛克效果，那么需要设置视频画面"蒙版"以选定需要添加马赛克效果的部分视频画面；如果视频画面中的主体是移动的状态，还需要给马赛克效果创建关键帧跟踪主体的移动，以制作在整个视频中对人物或某主体进行马赛克处理的目的。

拓展训练

参照本任务操作方法，制作视频中人物眼睛部分马赛克的视频效果。

任务六 | 水墨画效果
——改变画面色彩

水墨画效果

任务描述

本任务使用滤镜特效"查找边缘""色相/饱和度""曲线""高斯模糊"制作水墨画效果，如图 4-6-1 所示。

图 4-6-1　水墨画效果

任务实现

01 启动 AE。

02 新建一个项目文件。

03 按快捷键 Ctrl+N，弹出"合成设置"对话框，在"合成名称"文本框中输入"水墨效果"，其他选项的设置如图 4-6-2 所示，单击"确定"按钮，即可创建一个新的合成。

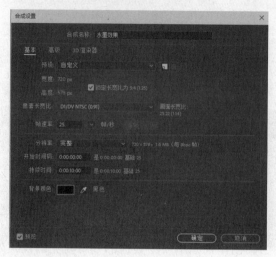

图 4-6-2　新建合成

04 导入图片素材"1.jpg"到"项目"面板中，把"1.jpg"图片拖到合成面板上，如图 4-6-3 所示。

图 4-6-3　导入素材

05 选中"1.jpg"图层，选择"效果"→"风格化"→"查找边缘"命令，在"效果控件"面板中进行特效参数设置，如图 4-6-4 所示。

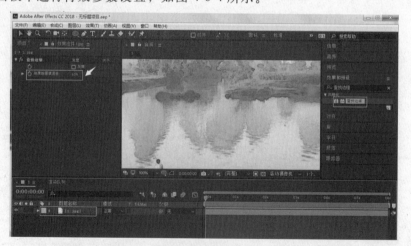

图 4-6-4　对"1.jpg"图层"查找边缘"效果设置参数

06 选择"效果"→"颜色校正"→"色相/饱和度"命令，在"效果控件"面板中进行特效参数设置，如图 4-6-5 所示。

图 4-6-5　对"1.jpg"图层"色相/饱和度"效果设置参数

07 选择"效果"→"颜色校正"→"曲线"命令,在"效果控件"面板中进行特效参数设置,如图 4-6-6 所示。

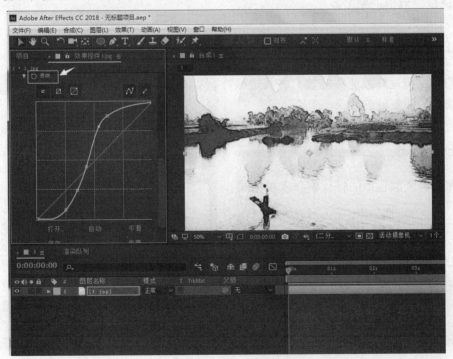

图 4-6-6　对"1.jpg"图层"曲线"效果设置参数

08 选择"效果"→"过时"→"高斯模糊"命令,在"效果控件"面板中进行特效参数设置,如图 4-6-7 所示。

图 4-6-7　对"1.jpg"图层"高斯模糊"效果设置参数

09 预览效果，导出影片。

知识点拨

我们可以通过修改滤镜特效"查找边缘""色相/饱和度""曲线""高斯模糊"中的参数，获得其他更好的效果。

拓展训练

参照教材资源包中的样片制作水墨效果。

任务七 制作下雪效果
——CC Snowfall 特效的使用

制作下雪效果

任务描述

本任务通过 CC Snowfall 特效制作下雪效果，如图 4-7-1 所示。

图 4-7-1　下雪效果

任务实现

01 启动 AE。

02 新建一个项目文件。

03 按快捷键 Ctrl+N，弹出"合成设置"对话框，在"合成名称"文本框中输入"下雪"，其他选项的设置如图 4-7-2 所示，单击"确定"按钮，即可创建一个新的合成。

04 导入素材图片"背景.jpg"到"项目"面板上，如图 4-7-3 所示。

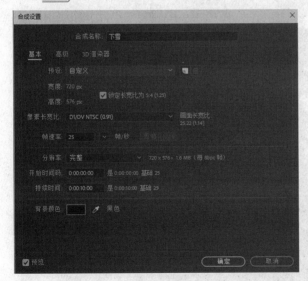

图 4-7-2　新建合成

图 4-7-3　导入素材图片

05 把"背景.jpg"拖到合成面板上，如图 4-7-4 所示。

06 选中"背景.jpg"图层，然后选择"效果"→"模拟"→"CC Snowfall"命令，如图 4-7-5 所示。

图 4-7-4 把"背景.jpg"拖到合成面板上

图 4-7-5 对"背景.jpg"图层应用 CC Snowfall 效果

07 打开"效果控件"面板，设置参数修改雪花的状态，如图 4-7-6 所示。

图 4-7-6　CC Snowfall 效果参数修改

08 预览效果，导出影片。

知识点拨

1. 利用 AE 的仿真系统可以做出很多特殊效果。
2. 通过 CC Snowfall 特效做雪花飘落的效果，属于仿真类特效。

拓展训练

参照教材资源包中的样片制作下雨的效果。

任务八 | **制作水泡效果**
——运用泡沫特效

制作水泡效果

■ 任务描述

本任务通过泡沫特效制作水泡效果，如图 4-8-1 所示。

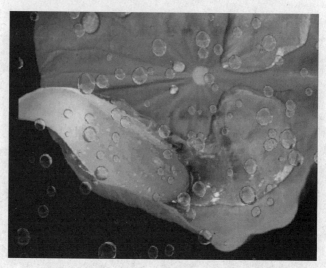

图 4-8-1　水泡效果

任务实现

01 启动 AE。

02 新建一个项目文件。

03 按快捷键 Ctrl+N，弹出"合成设置"对话框，在"合成名称"文本框中输入"水泡"，其他选项的设置如图 4-8-2 所示，单击"确定"按钮，即可创建一个新的合成。

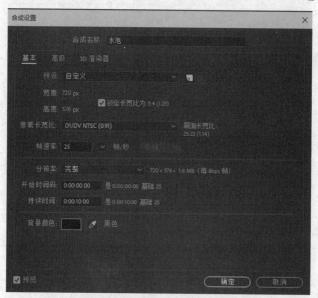

图 4-8-2　新建合成

04 导入素材"花瓣.jpg"到"项目"面板中，并把图片拖到合成面板上，如图 4-8-3 所示。

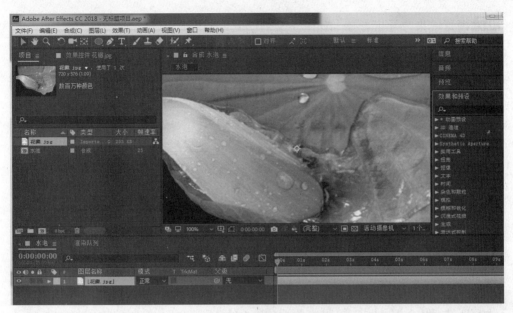

图 4-8-3　导入素材

05 按快捷键 Ctrl+D，复制一个图层，如图 4-8-4 所示。

06 选中第 1 个图层，选择"效果"→"模拟"→"泡沫"命令，在"效果控件"面板中进行参数设置，如图 4-8-5 所示。

图 4-8-4　复制图层

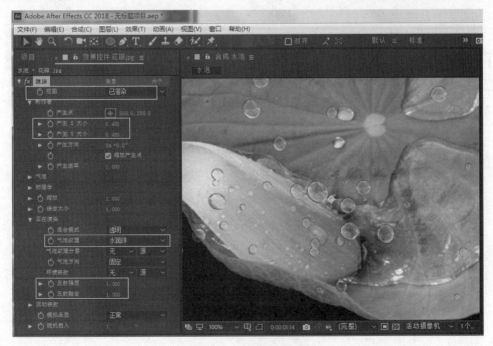

图 4-8-5　参数设置

07 预览效果，导出影片，如图 4-8-6 所示。

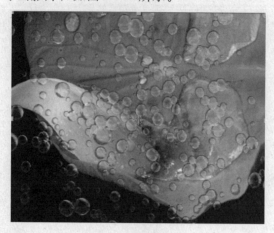

图 4-8-6　最终效果

知识点拨

1. 通过"泡沫"特效制作气泡的效果，还可以对参数进行调整，以达到满意的效果。
2. "泡沫"特效属于仿真类特效。

拓展训练

参照教材资源包中的样片制作蒸汽效果。

任务九　制作球体旋转效果

——运用 CC Sphere 特效

制作球体旋转效果

任务描述

本任务利用 CC Sphere 命令制作球体旋转的效果，如图 4-9-1 所示。

图 4-9-1　球体旋转部分镜头效果

任务实现

01 启动 AE。

02 新建一个项目文件。

03 将素材"平面图.jpg"导入"项目"面板中，如图 4-9-2 所示。

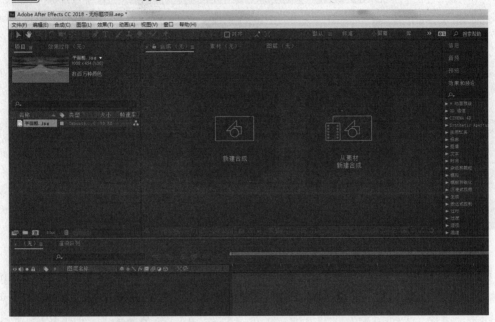

图 4-9-2　导入素材

04 用鼠标拖动素材到"新建合成"按钮 📄 上，则新建一个合成，选择"合成"→"合成设置"命令，打开"合成设置"对话框，设置"合成名称"为"平面图"，持续时间为 7 秒，背景颜色为白色，如图 4-9-3 所示。

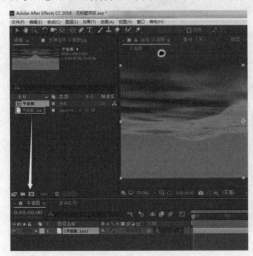
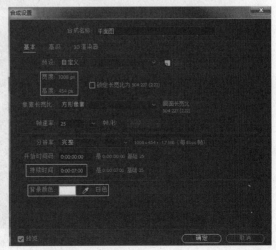

图 4-9-3　设置合成参数

05 在合成面板中选中图层"平面图.jpg"，在"效果和预设"面板找到"CC Sphere"特效，然后双击该特效，则 CC Sphere 特效自动应用到图层上，之前平面画面立刻变成了球体效果，如图 4-9-4 所示。

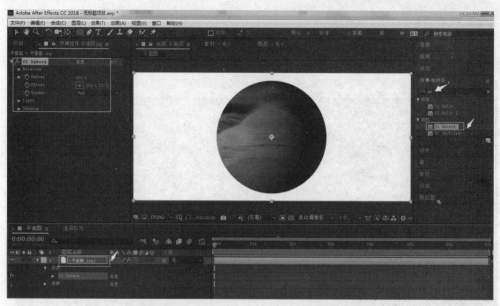

图 4-9-4　设置 CC Sphere 特效

06 在工具操作界面左上角的"效果控件"面板上，设置特效效果参数。设置 Radius（球体半径大小）为 150；Offset（左右偏移）位置为（504,207）；Render（渲染方式）可以选择完全渲染、外部渲染、内部渲染，此处设置为 Full（完全渲染），如图 4-9-5 所示。

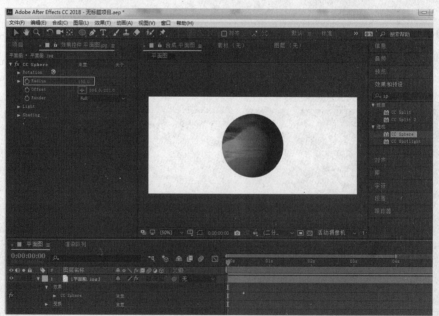

图 4-9-5　设置特效效果参数

07 设置 CC Sphere 特效的 Light（灯光）效果。设置 Light Intensity（灯光强度）为 130，Light Color（灯光颜色）为白色，Light Height（灯光高度）为 42，Light Direction（灯光方向）为 0x+45°，如图 4-9-6 所示。

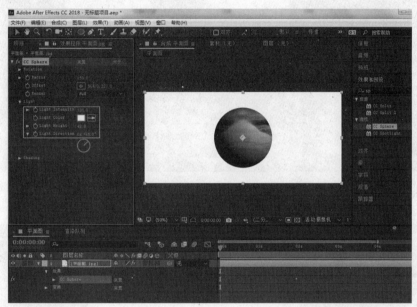

图 4-9-6　设置灯光效果参数

08 设置 CC Sphere 特效的 Shading（阴影）效果。设置环境光 Ambient，它的值越大，光越亮，此处设置大小为 28；Diffuse（漫反射）为 80；Specular（镜面反射）为 30；Roughness（粗糙度）为 0.1；Metal（金属质感）为 75；Reflective（反射）为 32，如图 4-9-7 所示。

09 设置 CC Sphere 特效的 Rotation（旋转）。在时间线面板上，把时间线移到 0 秒位置，在合成面板中找到 Rotation（旋转）设置项并展开，在展开列表中找到绕 Y 轴旋转"Rotation Y"，单击其左边码表图标，创建第 1 个关键帧，设置此时"Rotation Y"的值为 0x+60°，如图 4-9-8 所示。

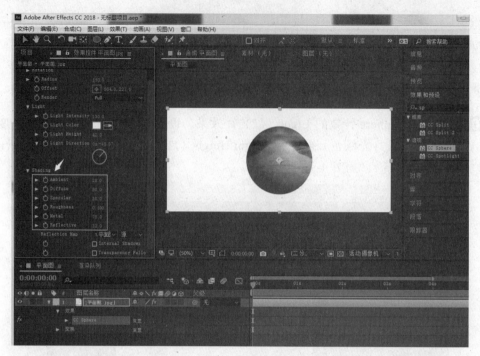

图 4-9-7　设置环境光特效参数

图 4-9-8　设置旋转特效参数 1

10 在时间线面板上，把时间线移到 3 秒位置，在合成面板中给"Rotation Y"创建第 2 个关键帧，设置此时"Rotation Y"的值为 2x+60°，如图 4-9-9 所示。

图 4-9-9　设置旋转特效参数 2

11 选中时间线面板工作区,在键盘英文输入状态按下 N 键,即可设置结束工作区,如图 4-9-10 所示。

图 4-9-10　设置结束工作区

12 保存设置，预览影片效果，如图 4-9-11 所示。

图 4-9-11　预览影片效果

13 渲染导出影片。

知识点拨

利用 CC Sphere 可以制作球面效果，还可以设置灯光、环境光、旋转等效果。

拓展训练

参照教材资源包中的样片制作球体旋转效果。

■ 单 元 小 结

本单元介绍了 AE 特效。其中，视频特效广泛应用于影视广告制作、媒体包装等方面。以影视广告为例，商家运用几秒或者几十秒的视频，将企业、产品、创新、艺术等有机结合，图文并茂，传播范围大，能够更加吸引观众眼球，这些效果是平面媒体无法达到的。

单元练习

一、判断题

1. AE 有内置特效滤镜，也有外挂特效滤镜。　　　　　　　　　　（　　）
2. AE 有视频特效，也有音频特效。　　　　　　　　　　　　　　（　　）
3. 打开素材的"特效控制"面板可以按快捷键 F3。　　　　　　　（　　）
4. 特效 Mirror 参数 Reflection Center 用于控制发生镜像的中心点。（　　）
5. AE 的一切外挂特效滤镜都不需要注册即可使用。　　　　　　　（　　）
6. AE 与 Premiere 中的部分特效滤镜非常相似。　　　　　　　　（　　）
7. AE 中同一特效不可以在相同素材中应用多次。　　　　　　　　（　　）
8. AE 中不可以多个特效同时应用。　　　　　　　　　　　　　　（　　）
9. 特效的具体参数设置可以在"效果控件"面板中设置，也可以在合成的图层上设置。　　　　　　　　　　　　　　　　　　　　　　　　　　　（　　）

二、填空题

1. AE 工具中 Effect 菜单内常见的特效菜单项包括_____、_____、_____、_____、_____、_____等（用英文或中文表示）。

2. AE 中的风格化特效有_____个（默认效果个数）；扭曲特效有_____个（默认效果个数）。

三、操作题

1. 参照教材资源包中的效果视频文件 N1.wmv，利用滤镜制作下雨、闪电场景，完成后导出视频并保存为文件 K01.wmv。

2. 利用滤镜制作如教材资源包中的视频文件 N2.wmv 所示的马赛克效果，给画面中的脸部打格子，导出视频并保存为文件 K02.wmv。

3. 利用滤镜制作如教材资源包中的视频文件 N3.wmv 所示的黑白电影效果，导出视频并保存为文件 K03.wmv。

4. 利用滤镜制作如教材资源包中的视频文件 N4.wmv 所示的老电影效果，导出视频并保存为文件 K04.wmv。

5. 改变视频画面的背景颜色，具体效果参照教材资源包中的视频文件 N5.wmv，导出视频并保存为文件 K05.wmv。

6. 制作多面墙视频画面效果，要求达到效果参照教材资源包中的视频文件 N6.wmv，导出视频并保存为文件 K06.wmv。

7. 效果参考教材资源包中的视频 N7.avi，制作有 0 与 1 组成的文字字幕效果（0 与 1 可随意组合），导出视频保存为文件 K07.wmv。

8. 效果参照教材资源包中的视频文件 N8.wmv，利用教材资源包中的图片素材"杯.bmp"制作蒸汽升腾效果，导出视频并保存为文件 K08.wmv。

5

单元五　制作影视字幕

技能目标

➤ 建立文字层、文字录入与字体格式设置

➤ 了解各种字幕效果合成面板

➤ 学会使用 AE 预先定义好的文字动画模板

通过本单元的学习，掌握在 AE 中创建文本、对文字区域进行编辑的方法及应用文本特效等。字幕在一部影片中能起到宣告主题、对画面做注释说明、给对话做旁白等作用，字幕是制作视频不可缺少的组成部分。本单元重点学习如何在视频画面中添加适当字幕及学习制作文本动画的一些技巧。

任务一　手写简单字
——绘图效果

手写简单字

■ 任务描述

文字字幕是一部影片中经常用到的元素，它可以反映影片的含义，也可以作为画面的点缀、装饰。动画字幕是指在 AE 中当输入文字后对文字应用特效或者采用某种手段以实现适当字幕效果。

本任务要求模拟手写字的效果，主要用到了写入效果，它是一个矢量绘画工具，可以绘制需要的线条，并实时记录这些线条的绘画过程，并以动画的形式回放出来。模拟手写字效果如图 5-1-1 所示。

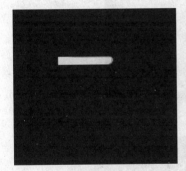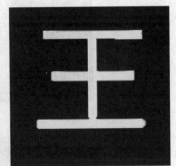

图 5-1-1　模拟手写字效果

□ 任务实现

01 启动 AE。

02 新建一个项目文件。

03 按快捷键 Ctrl+N，弹出"合成设置"对话框，在"合成名称"文本框中输入"手写字"，其他选项的设置如图 5-1-2 所示，单击"确定"按钮，即可创建一个新的合成。

04 在合成面板内右击，在弹出的快捷菜单中选择"新建"→"文本"命令，创建一个文字层，如图 5-1-3 所示，在"合成"窗口中输入文字"王"，并设置文字大小为 250，字体为黑体，如图 5-1-4 所示。

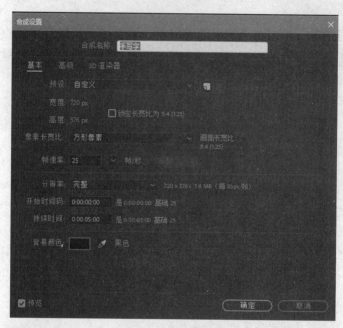

图 5-1-2　新建合成

图 5-1-3　新建文字层

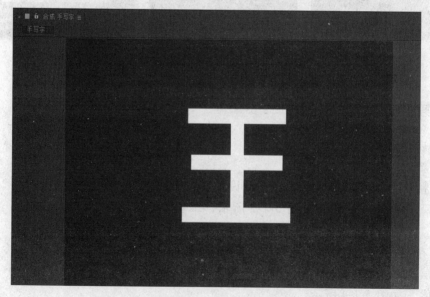

图 5-1-4　输入文字

05 选择"效果"→"生成"→"写入"命令，在"效果控件"面板中修改其参数，参数设置如图 5-1-5 所示。

06 在"效果控件"面板中，单击"画笔位置"选项左边的码表图标，在 0 秒的位置设置一个关键帧，参数设置如图 5-1-6 所示。

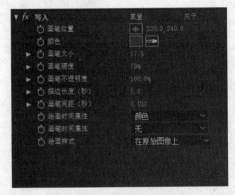

图 5-1-5 设置特效参数　　　　图 5-1-6 设置画笔轨迹

07 将时间线移到 1 秒处，在"效果控件"面板中将"画笔位置"的数值进行调整，参数设置如图 5-1-7 所示。

08 在"效果控件"面板中选择"绘画样式"选项，在下拉列表中选择"显示原始图像"选项，参数设置如图 5-1-8 所示。

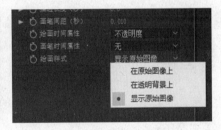

图 5-1-7 再次设置画笔轨迹　　　　图 5-1-8 更改画笔绘画样式

09 第一笔画完成后，按快捷键 Ctrl+D 复制当前合成面板中的文本层，如图 5-1-9 所示。

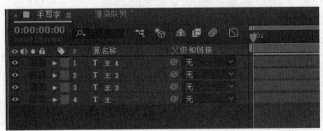

图 5-1-9 复制文本层

10 更改第 2 个文本层中效果控件的"画笔位置"，其他参数保持不变，关键帧时间也要进行调整（第一笔 0～1 秒、第二笔 1～2 秒、第三笔 2～3 秒、第四笔 3～4 秒）。也可以根据笔画出现速度快慢自主调整关键帧时间，如图 5-1-10 所示。

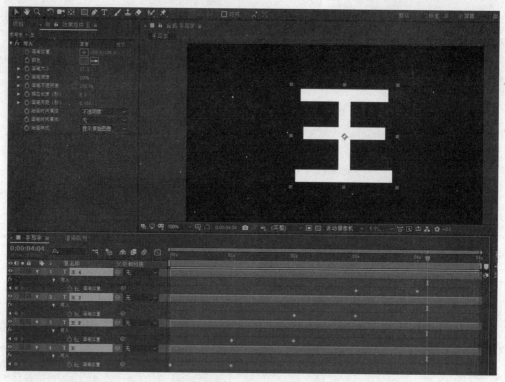

图 5-1-10　设置后面的笔画

11 按小键盘上的数字键"0"，预览关键帧动画效果。

知识点拨

使用"写入"特效，设置"写入"特效的"画笔位置""绘画样式"等参数可以制作手写字的视频效果。

拓展训练

参照教材资源包中的样片效果，制作手写字的动画。

任务二 打字效果
——路径文字效果

打字效果

任务描述

本任务要求实现手动输入的打字效果，如图 5-2-1 所示。下面在 AE 中分析打字效果的实现过程。

图 5-2-1 实现手动输入的打字效果

任务实现

01 启动 AE。

02 新建一个项目文件。

03 按快捷键 Ctrl+N，弹出"合成设置"对话框，在"合成名称"文本框中输入"打字效果"，其他选项的设置如图 5-2-2 所示，单击"确定"按钮，即可创建一个新的合成。

04 按快捷键 Ctrl+Y，新建固态层（纯色），具体参数设置如图 5-2-3 所示。

 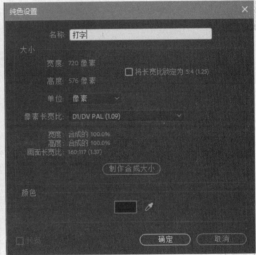

图 5-2-2 新建合成   图 5-2-3 新建固态层

05 选择文字图层，添加文字特效。选择"效果"→"过时"→"路径文本"命令，在弹出的"路径文字"对话框中输入文字"影视制作实用教程"，设置字体样式，单击"确定"按钮，如图 5-2-4 所示。

06 在"效果控件"面板中进行"路径文本"的参数设置，如图 5-2-5 所示。

图 5-2-4 "路径文字"对话框   图 5-2-5 "路径文本"参数设置

07 在合成面板中展开"高级"中的"可视字符"和"淡化时间"属性，然后在 0 秒处分别插入关键帧，"可视字符"设为 0，"淡化时间"设为 0%，如图 5-2-6 所示。

图 5-2-6　合成面板参数设置 1

08 在 5 秒处分别插入关键帧，"可视字符"设为 10，"淡化时间"设为 10%，如图 5-2-7 所示。

图 5-2-7　合成面板参数设置 2

09 预览效果，导出影片。

知识点拨

制作打字效果主要运用了路径文本特效，并通过关键帧的设置来实现。

拓展训练

参照本任务制作打字效果动画。

任务三　滚动字幕
——字幕移动效果

滚动字幕

▌任务描述

本任务要求实现滚动字幕效果，如图 5-3-1 所示（字幕从下往上滚动）。

静夜思
床前明月光，
疑是地上霜。
举头望明月，

静夜思
床前明月光，
疑是地上霜。
举头望明月，
低头思故乡。

图 5-3-1　滚动字幕效果

任务实现

01 启动 AE。

02 新建一个项目文件。

03 按快捷键 Ctrl+N，弹出"合成设置"对话框，在"合成名称"文本框中输入"文字滚动"，其他选项的设置如图 5-3-2 所示，单击"确定"按钮，即可创建一个新的合成。

04 在合成面板内右击，在弹出的快捷菜单中选择"新建"→"文本"命令，创建一个文本层，输入文字，如图 5-3-3 所示。

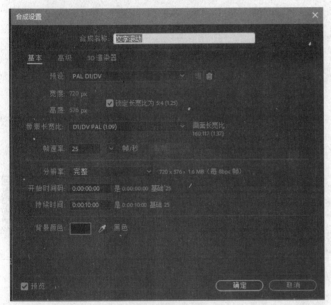

图 5-3-2　新建合成　　　　　　　　　　　　图 5-3-3　输入文字

05 选择文字图层，在合成面板中展开"位置"属性，在第 0 秒处插入第 1 个关键帧，并设置"位置"的值为（360，700），如图 5-3-4 所示。

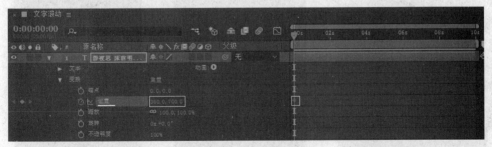

图 5-3-4　参数设置

06 在第 10 秒处插入第 2 个关键帧，并设置"位置"的值为（360，-100），如图 5-3-5 所示。

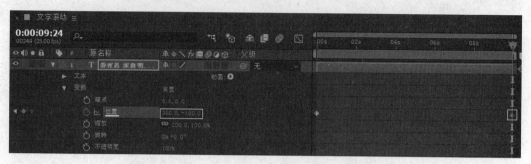

图 5-3-5　参数设置

07 预览效果，导出影片。

知识点拨

在视频中制作字幕滚动效果时，主要通过设置位置关键帧来实现。

拓展训练

参照教材资源包中的样片制作一个从左到右的字幕滚动效果。

任务四　过光文字
——遮罩制作光效

过光文字

任务描述

本任务要求在画面中出现一道白光从文字的左边向右边划过的效果，如图 5-4-1 所示。

图 5-4-1　过光文字效果

任务实现

01 启动 AE。

02 新建一个项目文件。

03 按快捷键 Ctrl+N，弹出"合成设置"对话框，在"合成名称"文本框中输入"过光文字"，其他选项的设置如图 5-4-2 所示，单击"确定"按钮，即可创建一个新的合成。

04 新建文字层，输入文字"影视制作"，如图 5-4-3 所示。

图 5-4-2　新建合成　　　　　　　　　图 5-4-3　输入文字

05 按快捷键 Ctrl+Y，新建固态层（纯色层），具体参数设置如图 5-4-4 所示。

06 选择纯色层，用矩形工具画一个蒙版，如图 5-4-5 所示。

图 5-4-4　新建固态层　　　　　　　　　图 5-4-5　画矩形

07 选中文字层，并按快捷键 Ctrl+D 复制文本层并命名为"文字 1"，将其放在最上面，纯色层的模式设置为"相加"，TrkMat 设置为"亮度"，如图 5-4-6 所示。

图 5-4-6　参数设置 1

08 选择纯色层，对蒙版进行位置移动，在"蒙版路径"参数中设置在 0 秒处插入关键帧，如图 5-4-7 所示。

图 5-4-7　参数设置 2

09 选择纯色层，对蒙版进行位置移动，在"蒙版路径"参数中设置在 1 秒处插入关键帧，移动蒙版遮罩位置；然后在 2 秒处插入关键帧，移动蒙版遮罩位置，如图 5-4-8 所示。

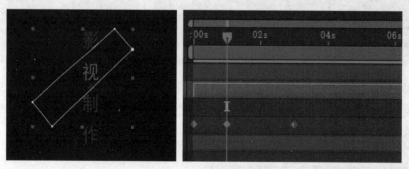

图 5-4-8　参数设置 3

10 预览效果，导出影片。

知识点拨

制作文字过光效果时，要通过创建两个文字层和一个遮罩层来实现，然后通过调节蒙版路径关键帧的位置，来达到预期的效果。

拓展训练

参照教材资源包中的样片制作过光文字的效果。

任务五　利用路径工具制作跳舞文字
——在文字上添加特效

■ 任务描述

本任务要求利用钢笔工具绘制运动路径，再运用文字特效制作舞动的文字效果，如图 5-5-1 所示。

图 5-5-1　舞动的文字效果

任务实现

01 启动 AE。

02 新建一个项目文件。

03 按快捷键 Ctrl+N，弹出"合成设置"对话框，在"合成名称"文本框中输入文字"跳舞文字"，其他选项的设置如图 5-5-2 所示，单击"确定"按钮，即可创建一个新的合成。

04 按快捷键 Ctrl+Y 新建固态层，具体参数设置如图 5-5-3 所示。

图 5-5-2　新建合成　　　　　　　　　图 5-5-3　新建固态层

05 选择工具栏中的圆形工具 ，在"合成"窗口中绘制一个椭圆，如图 5-5-4 所示。

图 5-5-4　绘制椭圆

06 展开图层中"蒙版 1"卷展栏，设置"蒙版羽化"值为（280,280），如图 5-5-5 所示。

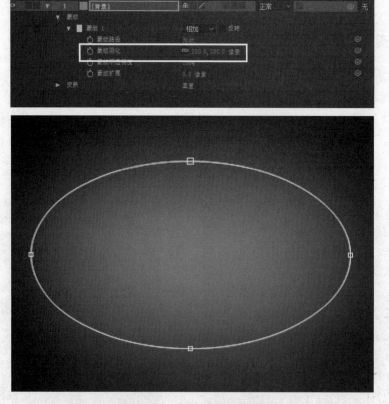

图 5-5-5　蒙版 1 参数设置

07 按快捷键 Ctrl+Y，新建固态层，具体参数设置如图 5-5-6 所示。

08 选择工具栏中的钢笔工具 ，然后在"合成"窗口中绘制一条曲线，如图 5-5-7 所示。

图 5-5-6　新建固态层

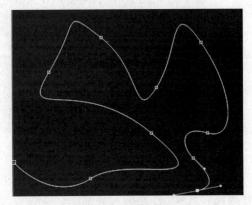

图 5-5-7　绘制曲线

09 选择文字图层，然后选择"效果"→"过时"→"路径文本"命令，在弹出的"路径文字"对话框中输入文字"影视制作实用教程"，如图 5-5-8 所示。

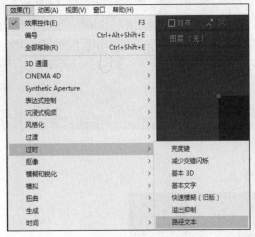

图 5-5-8　路径文字特效

10 展开"路径文本"属性，然后在"自定义路径"下拉列表中，设置"自定义路径"为 Mask1，如图 5-5-9 所示。

图 5-5-9　"路径文本"参数设置

11 展开"段落"属性，在 0 秒处为"左边距"插入关键帧，并设置参数为-530，将时间线移到 10 秒处插入关键帧，并设置参数为 2380，参数可根据画面要求进行设置，如图 5-5-10 所示。

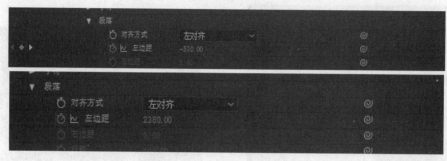

图 5-5-10 "段落"参数设置

12 展开"高级\抖动设置"属性，在 0 秒处插入关键帧，并设置相应参数值，将时间线移到 10 秒处插入关键帧，并设置相应参数值，如图 5-5-11 所示。

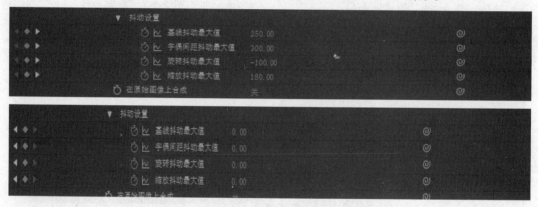

图 5-5-11 "抖动设置"参数设置

13 预览效果，导出影片，如图 5-5-12 所示。

图 5-5-12 跳舞的文字效果

知识点拨

制作跳舞文字效果时，主要利用钢笔工具绘制运动路径，再添加路径文字特效和使用抖动特效来实现，可用于电视节目片头或者宣传片片头文字特效制作。

拓展训练

参照教学资源包中的样片制作路径文字的效果。

| 任务六 | 利用预设动画制作文字效果 |

——AE 自带字幕动画

利用预设动画制作文字效果

任务描述

为了制作方便，在 AE 中还预设了一些动画效果，运用这些效果可以制作变化多端的文字动画，操作方便，只要选择其中预设好的字幕动画效果应用到字幕上即可。

本任务主要运用了 AE 中预设的文字动画特效，制作文字动画效果，如图 5-6-1 所示。

图 5-6-1　AE 中预设的文字动画特效

任务实现

01 启动 AE。

02 新建一个项目文件。

03 按快捷键 Ctrl+N，弹出"合成设置"对话框，在"合成名称"文本框中输入文字"预设动画"，其他选项的设置如图 5-6-2 所示，单击"确定"按钮，即可创建一个新的合成。

04 按快捷键 Ctrl+Y，新建固态层，具体参数设置如图 5-6-3 所示。

05 选择工具栏中的圆形工具 ⬤ ，在"合成"窗口中绘制一个椭圆，如图 5-6-4 所示。

06 展开图层中"蒙版"卷展栏，设置"蒙版羽化"值为（280,280），如图 5-6-5 所示。

图 5-6-2　新建合成

图 5-6-3　新建固态层

图 5-6-4　绘制椭圆

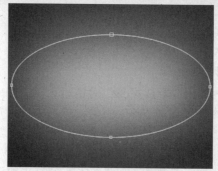

图 5-6-5　蒙版参数设置

07 在合成面板内右击，在弹出的快捷菜单中选择"新建"→"文本"命令，创建一个文字层，输入文字并修改大小为 70，如图 5-6-6 所示。

图 5-6-6　输入文字

08 添加预设动画。选择"动画"→"将动画预设应用于"→"Presets"→"Text"→"Rotation"命令，在弹出的对话框中选择文件"旋风.ffx"，然后单击"打开"按钮即可，如图 5-6-7 所示。

图 5-6-7　添加预设动画

09 选择文字图层，按快捷键 U，然后把第 1 个关键帧设置到 2 秒的位置，如图 5-6-8 所示。

图 5-6-8　移动特效关键帧

10 预览效果，导出影片，如图 5-6-9 所示。

图 5-6-9　利用 AE 中预设效果制作文字动画

知识点拨

1. 创建文字字幕。

在 AE 中，用户可以通过多种方法创建文字，常用的方法如下。

● 在工具面板中单击横排文字工具 **T** 来创建文字，如图 5-6-10 所示，然后在"合成"窗口中单击鼠标左键即可。

图 5-6-10　工具面板

● 在合成面板内右击，在弹出的快捷菜单中选择"新建"→"文本"命令，创建一个文字层，如图 5-6-11 所示。

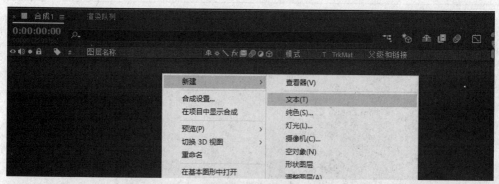

图 5-6-11　利用弹出的快捷菜单创建文本

2. 动画字幕。

AE 为用户提供了强大的文字动画功能，我们利用这些预设的动画效果就能实现很多特殊的文字效果。

拓展训练

利用工具自带的预设动画制作其他动感的文字动画效果。

单元小结

本单元通过学习制作简单的影视字幕，在视频画面中添加适当的文字、给文字添加效果等，使学生掌握简单字幕在视频处理中的作用及制作方法。在 AE 中不仅可以通过创建简单的字幕为影视作品起到旁白、解说的作用，而且可以制作丰富多彩的动画字幕，为影视作品添加动感效果，从而加强了整个画面的张力。

单元练习

一、判断题

1. 输入文字时可在工具栏选中横排文字工具 **T**，然后在"合成"窗口中单击鼠标，即可生成文字图层，或者在合成面板中右击，在弹出的快捷菜单中选择"新建"→"文本"命令，接着输入文字。（ ）

2. 文字的字体、大小、颜色、字间距等可在"字体"面板中设置。（ ）

3. 可以通过给文字添加特效来制作文字动画或者特殊文字效果。（ ）

二、填空题

1. 输入文字可直接按 Ctrl+____快捷键。

2. 要输入路径文字，选择"效果"→"文本"→_____命令。

3. 在 AE 中要应用预设动画文字效果，可以选择_____命令打开，并根据需要选择效果。

三、操作题

1. 参照教材资源包中的效果视频 N1.wmv，实现文字从左到右慢慢出现的效果，显示文字内容为"年年岁岁花相似，岁岁年年人不同"，完成后导出视频并保存为文件 K01.wmv。

2. 参照教材资源包中的效果视频 N2.wmv，实现文字从左到右逐字出现效果，显示文字内容为"创全国文明城市"，完成后导出视频并保存为文件 K02.wmv。

3. 参照教材资源包中的效果视频 N3.wmv，实现文字缩放出现的效果，显示文字内容为"创全国文明城市"，完成后导出视频并保存为文件 K03.wmv。

4. 参照教材资源包中的效果视频 N4.wmv，实现文字从上往下移动出现的效果，显示文字内容为"人让车，让出一份安全；车让人，让出一份文明"，完成后导出视频并保存为文件 K04.wmv。

5. 参照教材资源包中的效果视频 N5.wmv，制作手写字效果，显示文字内容为"Love"，完成后导出视频并保存为文件 K05.wmv。

6. 选择 Animation（动画）→Apply Animation Preset（应用动画预置）→Presets（预置）→Text（文字）→3D Text 命令，在弹出的对话框中选择 3D Bouncing In Centered.ffx 文件。用 AE 预设动画效果制作显示文字"After Effects"，并制作文字动画，具体效果参照教材资源包中的视频 N6.wmv，完成后导出视频并保存为文件 K06.wmv。

7. 选择 Animation（动画）→Apply Animation Preset（应用动画预置）→Presets（预置）→Text（文字）→Rotation 命令，在弹出的对话框中选择 Swirly Rotation.ffx 文件。用 AE 预设动画效果制作显示文字"Adobe After Effects"，制作文字动画，具体效果参照教材资源包中的视频 N7.wmv，完成后导出视频并保存为文件 K07.wmv。

6

单元六 使用影视转场

技能目标

➤ 能够用 AE 内置过渡特效制作图片之间的切换

➤ 能够用 AE 所预设的动画功能制作转场效果

➤ 能够用 AE 与其他软件结合制作视频转场

本单元主要学习 AE 视频转场，学习视频画面中各种转场的制作方法，包括常见的内置转场和动画预置转场，有了预置的转场和特殊的转场方式，可以制作更加丰富多彩的画面转场效果。

任务一 利用特效转场制作相册
——设置转场特效参数制作转场效果

利用特效转场制作相册

■ 任务描述

AE 内置特效转场是使用过渡特效来制作场景之间画面切换的效果，以达到画面间镜头切换的自然过渡。

本任务利用提供的图片素材，通过灵活使用线性擦除、径向擦除、星形擦除、卡片擦除、百叶窗擦除等命令，制作边框实现类似电子相册等转场效果。转场效果的部分镜头如图 6-1-1 所示。

图 6-1-1 转场效果的部分镜头

⊡ 任务实现

01 打开 AE 的"文件"菜单，创建一个新的工程文件，命名为"相册"并保存文件。

02 创建一个新的合成。按快捷键 Ctrl+N，弹出"合成设置"对话框，在"合成名称"文本框中输入"相片"，设置大小为 640 像素（px）×480 像素（px），帧速率为 25 帧/秒，持续时间为 8 秒，如图 6-1-2 所示。

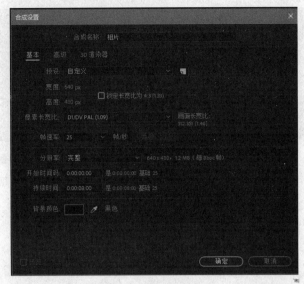

图 6-1-2 新建一个合成

03 导入图片素材。双击"项目"面板，打开素材文件夹目录下的 1.jpg~5.jpg 图片文件，并将导入的图片素材拖到合成面板中，将第 5 层图片的显示开关关闭，设置如图 6-1-3 所示。

图 6-1-3 导入素材

04 对"相片"合成中的图片 1 设置参数。

① 选择"1.jpg"层，为其添加"效果"→"过渡"→"线性擦除"特效。

② 调整时间为 0 秒，设置"过渡完成"的参数值为 0%，并单击前面的码表图标，记录第 1 个关键帧，"擦除角度"的参数值为 0x+60°，如图 6-1-4 所示。

③ 调整时间为 1 秒 15 帧，设置"过渡完成"的参数值为 100%，自动记录码表，记录第 2 个关键帧，设置后的预览效果如图 6-1-5 所示。

05 对"相片"合成中的图片 2 转场特效进行参数设置。

① 选择"2.jpg"层，为其添加"效果"→"过渡"→"径向擦除"特效。

图 6-1-4 "1.jpg"线性擦除的
第 1 个关键帧

② 调整时间为 1 秒 21 帧，设置"过渡完成"的参数值为 0%，并单击前面的码表图标，记录第 1 个关键帧，如图 6-1-6 所示。

图 6-1-5　"1.jpg" 线性擦除的
第 2 个关键帧

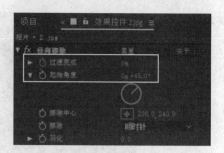

图 6-1-6　"2.jpg" 径向擦除的
第 1 个关键帧

③ 调整时间为 2 秒 21 帧，设置"过渡完成"的参数值为 100%，自动记录码表，记录第 2 个关键帧，设置后的预览效果如图 6-1-7 所示。

06 对"相片"合成中的图片 3 进行转场特效参数设置。

① 选择"3.jpg"层，为其添加"效果"→"过渡"→"光圈擦除"特效。

② 调整时间为 3 秒 10 帧，设置"外径"大小为 0，并单击前面的码表图标，勾选"使用内径"复选框，设置"内径"大小为 0，并单击前面的码表图标，记录第 1 个关键帧，如图 6-1-8 所示。

图 6-1-7　"2.jpg" 径向擦除的
第 2 个关键帧

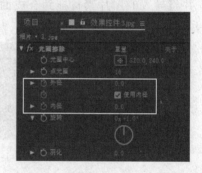

图 6-1-8　"3.jpg" 光圈擦除的
第 1 个关键帧

③ 调整时间为 5 秒，自动记录第 2 个关键帧，参数设置及预览效果如图 6-1-9 所示。

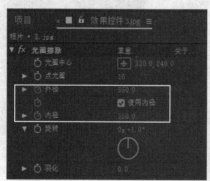

图 6-1-9　"3.jpg" 光圈擦除的第 2 个关键帧

07 对"相片"合成中的图片 4 进行转场特效设置。

① 选择"4.jpg"层,为其添加"效果"→"过渡"→"卡片擦除"特效。

② 调整时间为 5 秒 10 帧,设置"过渡完成"的参数值为 0%,并单击前面的码表图标,记录第 1 个关键帧,"背面图层"设置为"5.jpg",其他参数设置如图 6-1-10 所示。

③ 调整时间为 7 秒 10 帧,设置"过渡完成"的参数值为 100%,码表自动记录第 2 个关键帧,参数设置及预览效果如图 6-1-11 所示。

图 6-1-10　"4.jpg"卡片擦除的
第 1 个关键帧

图 6-1-11　"4.jpg"卡片擦除的
第 2 个关键帧

08 为相册制作边框。创建固态层(按快捷键 Ctrl+Y)并命名为"外框",设置如图 6-1-12 所示。

图 6-1-12　新建一个固态层并命名为"外框"

09 绘制蒙版并反转。用"钢笔工具"为"外框"层绘制蒙版，然后展开层属性，勾选"反转"复选框，如图 6-1-13 所示。设置后的预览效果如图 6-1-14 所示。

图 6-1-13　绘制边框线条　　　　　　　　　　图 6-1-14　设置后的效果

10 创建一个新的合成并命名为"效果"，设置宽度为 640 像素、高度为 480 像素，帧速率为 25 帧/秒，持续时间为 8 秒，如图 6-1-15 所示。

11 在"效果"合成中新建一个固态层并命名为"背景"，使其大小与当前合成相匹配，如图 6-1-16 所示。

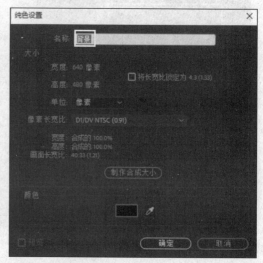

图 6-1-15　新建一个合成并命名为"效果"　　图 6-1-16　新建一个固态层并命名为"背景"

12 选择"背景"层，为其添加"效果"→"生成"→"梯度渐变"特效，然后在"效果控件"面板中设置渐变参数，具体参数设置如图 6-1-17 所示。

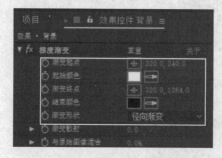

图 6-1-17　为"背景"层应用梯度渐变特效

13 调节三维参数栏。将"相片"合成拖到"效果"合成中，打开它的三维开关，如图 6-1-18 所示。

图 6-1-18　打开三维设置

14 展开"相片"合成层，打开"变换"卷展栏，修改其"位置""缩放""方向"等参数。特效的参数设置及效果如图 6-1-19 所示。

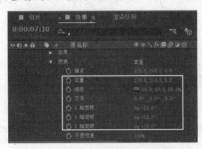 

图 6-1-19　设置"效果"合成的变换参数及效果

15 选择"相片"层，然后选择"效果"→"透视"→"投影"命令，为其添加"投影"特效，实现阴影效果，主要调节阴影特效的阴影"距离"及阴影"柔和度"，参数设置及效果如图 6-1-20 所示。

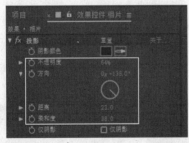 

图 6-1-20　设置投影效果参数及效果

16 按小键盘上的数字键"0"，对最终效果进行预览，如图 6-1-21 所示。

图 6-1-21　预览可看到的关键镜头

17 保存文件。选择"文件"→"整理工程（文件）"→"收集文件"命令，即可保存文件。

☐ 知识点拨

本任务主要应用线性擦除特效、径向擦除特效、光圈擦除特效、卡片擦除特效制作相册转场效果，使用梯度渐变特效与投影特效相结合制作边框的阴影效果。

☐ 拓展训练

利用教材资源包中的素材，结合本任务所学的转场命令制作一个电子相册的转场效果。

任务二 利用预置动画制作活动 DV 转场
——应用预置转场特效

▌任务描述

AE 自带了一部分预置好的动画转场特效，可以利用预置好的转场制作形式多样的视频画面转场效果。与一般转场特效相比，它不需要设置转场特效的参数，只需选择某一个转场特效即可。

本任务主要运用了 AE 自带的预置动画转场特效，制作形式多样的视频画面转场效果。下面分析如何将内置的转场效果运用到视频画面中，应用预置转场特效后的部分镜头如图 6-2-1 所示。

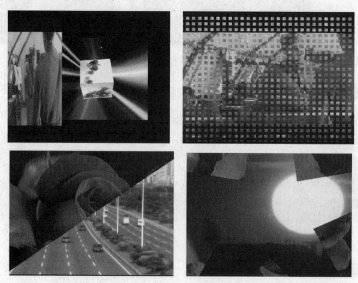

图 6-2-1 应用预置转场特效后的部分镜头

🖵 **任务实现**

01 新建一个工程文件，保存并命名为"预置动画转场"。

02 打开素材文件夹目录下的视频 1.mov～视频 5.mov 文件，并导入"项目"面板中。

03 新建一个合成"Comp 1"，设置如图 6-2-2 所示。

04 把"项目"面板中的 5 个视频素材分别拖到"Comp 1"合成面板上，如图 6-2-3 所示。

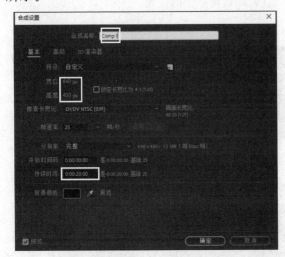

图 6-2-2　新建合成

图 6-2-3　导入素材

05 选中"视频 4"图层，将时间线面板中视频滑块的首部拖到 2 秒 12 帧处，如图 6-2-4 所示。

图 6-2-4　调整"视频 4"在时间线面板上的位置

06 参考步骤 5，调整其他图层滑块首部位置。

① 将"视频 3"图层的滑块首部拖到 4 秒 10 帧处，如图 6-2-5 所示。

图 6-2-5　调整"视频 3"在时间线面板上的位置

② 将"视频 2"图层的滑块首部拖到 8 秒 10 帧处, 如图 6-2-6 所示。

图 6-2-6　调整"视频 2"在时间线面板上的位置

③ 将"视频 1"图层的滑块首部拖到 13 秒 10 帧处, 如图 6-2-7 所示。

图 6-2-7　调整"视频 1"在时间线面板上的位置

07 各图层设置完成后的时间线面板如图 6-2-8 所示。

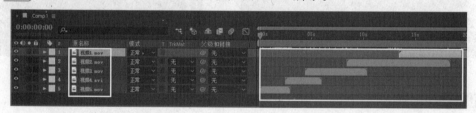

图 6-2-8　各图层在时间线面板上的位置

图 6-2-9　"视频 4"图层应用转场

08 选择"视频 4"图层, 添加动画预设转场效果。将时间线移到 2 秒 10 帧处, 展开"动画预设"卷展栏, 选择"动画预设"→"Transitions-Movement"→"伸缩-水平"动画效果, 如图 6-2-9 所示。

09 选择"视频 4"图层, 按快捷键 U, 调出关键帧, 将第 1 个关键帧设置到 2 秒 10 帧的位置, 将第 2 个关键帧设置到 3 秒 10 帧的位置, 合成面板如图 6-2-10 所示, 预览转场效果如图 6-2-11 所示。

图 6-2-10　修改预设转场参数

10 选择"视频 3"图层,添加动画预设转场效果。将时间线移到 4 秒 10 帧处,展开"动画预设"卷展栏,选择"动画预设"→"Transitions-Wipes"→"网格擦除"动画效果,如图 6-2-12 所示。

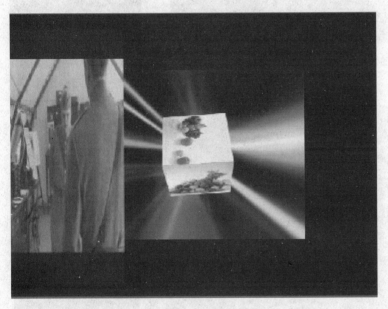

图 6-2-11　"视频 4"图层应用转场后效果

图 6-2-12　"视频 3"图层应用转场

11 选择"视频 3"图层,按快捷键 U,调出关键帧,转场参数设置参考步骤 9。预览转场效果如图 6-2-13 所示。

12 选择"视频 2"图层,添加动画预设转场效果。将时间线移到 8 秒 10 帧处,展开"动画预设"卷展栏,选择"动画预设"→"Transitions-Wipes"→"径向擦除-底部"动画效果,如图 6-2-14 所示。

13 选择"视频 2"图层,按快捷键 U,调出关键帧,转场参数设置参考步骤 9。预览转场效果如图 6-2-15 所示。

14 选择"视频 1"图层,添加动画预设转场效果。将时间线移到 13 秒 10 帧处,展开"动画预设"卷展栏,选择"动画预设"→"Transitions-Wipes"→"光圈-星形"转场效果,如图 6-2-16 所示。

图 6-2-13 "视频 3"图层应用转场后效果

图 6-2-14 "视频 2"图层应用转场

图 6-2-15 "视频 2"图层应用转场后效果

图 6-2-16 "视频 1"图层应用转场

15 选择"视频 1"图层，按快捷键 U，调出关键帧，转场参数设置参考步骤 9。预览转场效果如图 6-2-17 所示。

16 按小键盘上的数字键"0"，对最终效果进行预览。

17 保存文件。选择"文件"→"整理工程（文件）"→"收集文件"命令，即可保存文件。

图 6-2-17　"视频 1" 图层应用转场后效果

知识点拨

1. 本任务主要用到动画预设中常见的几种转场效果，如"伸缩-水平""网格擦除""径向擦除-底部""光圈-星形"等，在学习时可以随意设置其他预置动画，制作不同的效果。

2. 应用 AE 自身的动画预设功能进行转场效果制作，其优点是制作好看的转场效果而不需要任何设置，打开即用，方便快捷，节省时间。

拓展训练

打开教材资源包中的素材，运用内置的转场效果制作 DV 转场。

任务三　制作"多屏影视转场"效果
——多屏转场

任务描述

有时需要综合应用转场特效、预设转场特效及结合摄像机等一起制作绚丽的多屏影视转场效果。

本任务利用提供的素材，使用块溶解特效结合白色固态层制作块状溶解转场和闪白效果应用，使用卡片擦除特效制作三维空间电视墙特效，使用 Illustrator 软件结合描边特效制作白色边框效果，使用整合摄像机工具完成最终的摄像机动画，多屏影视转场效果如图 6-3-1 所示。

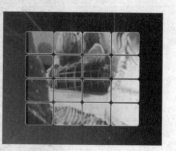

图 6-3-1　多屏影视转场效果

任务实现

01 导入素材。打开素材文件夹，将其中的 4 个文件"背景.mov""单屏.mov""多屏.mov""网格.ai"全部导入"项目"面板中，并保存文件，命名为"影视转场"。

02 将"多屏.mov"素材拖到"新建合成"按钮上，建立一个新的合成"多屏"，如图 6-3-2 所示。

03 将"项目"面板中的"单屏.mov"拖到合成面板中，并使该层处于第二层，如图 6-3-3 所示。

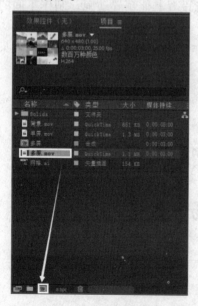

图 6-3-2　新建合成　　　　　图 6-3-3　拖动素材"单屏.mov"到合成面板

04 选择"多屏.mov"层，选择"效果"→"转换"→"块溶解"命令。

05 调节块溶解特效的属性参数。将"块宽度"设为 160，"块高度"设为 120，取消勾选"柔化边缘（最佳品质）"复选框，如图 6-3-4（a）所示。

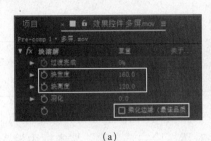
（a）

（b）

图 6-3-4 "块溶解"特效参数设置

06 设置转场关键帧动画。调整时间线到 16 帧的位置，设置"块溶解"特效的"过渡完成"的参数值为 0%，并单击前面的码表图标，添加第 1 个关键帧，如图 6-3-4（b）所示。

07 调整时间线到 2 秒 22 帧的位置，设置"过渡完成"的参数值为 100%，如图 6-3-5 所示。

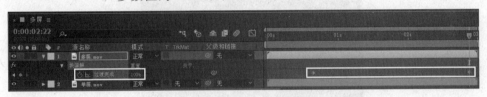

图 6-3-5 "块溶解"特效中"过渡完成"参数的设置

08 单击合成面板上方的图表编辑器按钮，展开图表编辑器。选择过渡完成项这两个关键帧，然后单击编辑下的转换选择的关键帧到自动贝塞尔按钮，如图 6-3-6 所示。

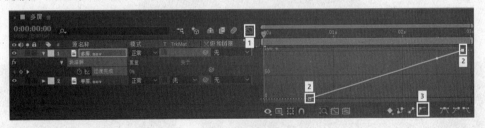

图 6-3-6 设置图表编辑器

09 调整时间线到 1 秒 20 帧的位置，单击"过渡完成"选项前面的码表图标，添加关键帧，在此添加一个关键帧，然后调整曲线的形态，如图 6-3-7 所示。

图 6-3-7 "块溶解"特效中添加关键帧并调整曲线

小贴士

调整曲线的形态是让转场特效跟随曲线的形态进行变化，即在开始时变化缓慢一些，中间部分变化较平均，结束时变化较缓和。

小贴士

设置纯白色是为制作转场时的闪白效果。

10 选择"图层"→"新建"→"纯色"命令（快捷键为 Ctrl+Y），在弹出的"纯色设置"对话框中的"名称"文本框中输入"White Solid 1"，将颜色设为纯白色，如图 6-3-8 所示。

11 在合成面板中将其调整到第二层的位置。

12 给白色固态层复制特效。在合成面板中选择"多屏.mov"层，然后打开"效果控件"面板，选中"块溶解"特效，按快捷键 Ctrl+C 复制，如图 6-3-9 和图 6-3-10 所示。

图 6-3-8　新建纯色层

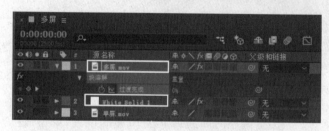

图 6-3-9　对"多屏.mov"图层"块溶解"特效进行复制操作　　图 6-3-10　对白色固态层复制特效 1

13 调整时间线到 17 帧的位置（为取一帧闪白效果），选择"White Solid 1"层，按快捷键 Ctrl+V 对特效进行粘贴，如图 6-3-11 所示，效果如图 6-3-12 所示。

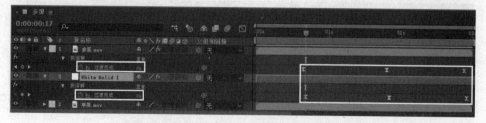

图 6-3-11　对白色固态层复制特效 2

14 降低白色固态层的透明度，选择"White Solid 1"层，按快捷键 T，展开"不透明度"属性，设置其值为 70%，如图 6-3-13 所示，预览效果如图 6-3-14 所示。

图 6-3-12　对白色固态层复制特效后的效果　　　　图 6-3-13　设置"不透明度"属性

15 选择合成面板中的所有图层，然后选择"图层"→"预合成"命令（快捷键为 Ctrl+Shift+C），如图 6-3-15 所示。弹出"预合成"对话框，参数设置如图 6-3-16 所示。

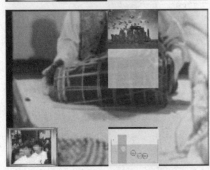

图 6-3-15　"图层"菜单中的"预合成"命令

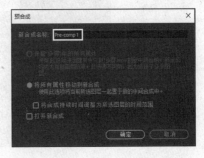

图 6-3-14　调整白色固态层的透明度后的效果　　　　图 6-3-16　"预合成"对话框

16 将"项目"面板中的"网格.ai"拖到合成面板中，使该层处于第一层的位置，如图 6-3-17 所示。

17 选择"Pre-comp 1"合成层的"轨道遮罩"，在该层的"轨道遮罩"下拉列表中选择"亮度遮罩'[网格.ai]'"选项，如图 6-3-18 所示。

图 6-3-17 拖动"网格.ai"
至第一层

图 6-3-18 设置合成层的"轨道遮罩"

18 使用 Illustrator 软件打开"网格.ai"文件，选择所有的图形，按快捷键 Ctrl+C 进行复制，如图 6-3-19 所示。

图 6-3-19 复制"网格.ai"文件中所有图形

19 返回 AE 中,选择"Pre-comp 1"合成层,按快捷键 Ctrl+V 进行粘贴,如图 6-3-20 所示。

图 6-3-20 粘贴"网格.ai"文件中所有图形

20 给每个屏添加描边特效。选择"效果"→"生成"→"描边"命令,调整描边特效参数,勾选"所有蒙版"和"顺序描边"复选框,设置"画笔硬度"值为 100%,如图 6-3-21 所示。

图 6-3-21 在"描边"效果中设置"画笔硬度"参数值

21 将"项目"面板中的"多屏"合成层拖到"新建合成"按钮上，建立一个新的合成"多屏 2"，并将其名称修改为"final"。

22 新建一个摄像机。选择"图层"→"新建"→"摄像机"命令，如图 6-3-22 所示。

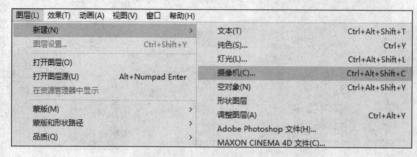

图 6-3-22　新建摄像机

23 在弹出的"摄像机设置"对话框中的"预设"下拉列表中选择"24 毫米"选项，单击"确定"按钮，如图 6-3-23 所示。

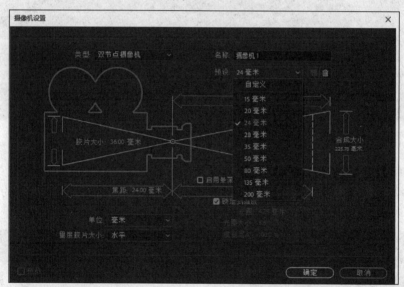

图 6-3-23　在"摄像机设置"对话框中设置参数

24 在合成面板上选择"多屏"合成层，选择"效果"→"过渡"→"卡片擦除"命令。

25 对卡片擦除特效进行参数设置。将时间线调整到 0 秒，设置"过渡完成"值为 100%，"过渡宽度"值为 100%，"行数"值为 4，"列数"值为 4，"摄像机系统"设为"合成摄像机"，"位置抖动"属性下的"Z 抖动量"的值设为 25，"Z 抖动速度"值设为 0.1，参数设置及效果如图 6-3-24 所示。

26 选择"多屏"合成层，调整时间线为 26 帧，单击"Z 抖动量"前面的码表图标，添加关键帧，如图 6-3-25 所示。

图 6-3-24 "卡片擦除"特效参数设置及效果

图 6-3-25 对"Z 抖动量"属性添加关键帧

27 调整时间线为 2 秒 22 帧，设置"Z 抖动量"的数值为 0。选择摄像机层，按快捷键 P，展开"位置"属性，再按快捷键 Shift+A 同时展开"目标点"属性，单击这两个属性前的码表图标，记录关键帧，如图 6-3-26 所示。

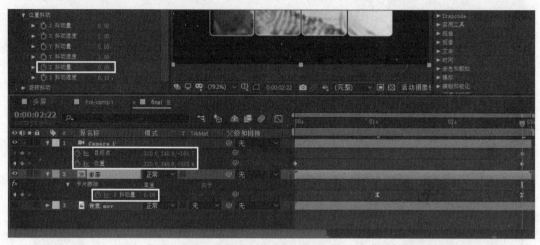

图 6-3-26　在摄像机层设置关键帧

28 使用工具栏中的统一摄像机工具调整当前的视图，拉远摄像机的视角，具体效果如图 6-3-27 所示。

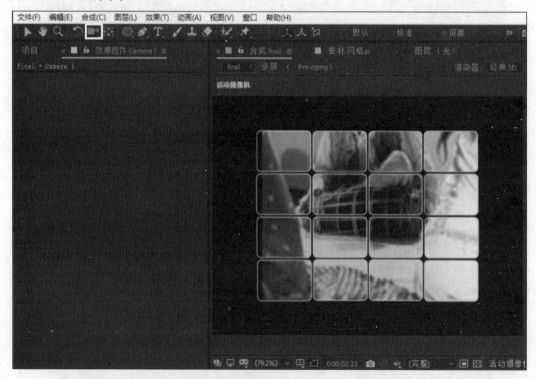

图 6-3-27　使用统一摄像机工具调整摄像机视角

29 调整时间线为 0 秒，使用整合摄像机工具调整当前视角，如图 6-3-28 所示。

30 选择"多屏"合成层，在"效果控件"面板中再次调整卡片擦除特效参数。设置"随机植入"的值为 15，然后使用整合摄像机工具再次调整当前的视角，参数设置及效果如图 6-3-29 所示。

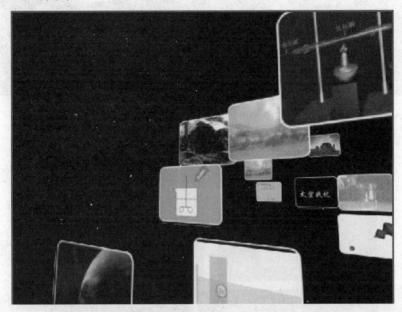

图 6-3-28　使用整合摄像机工具调整摄像机视角

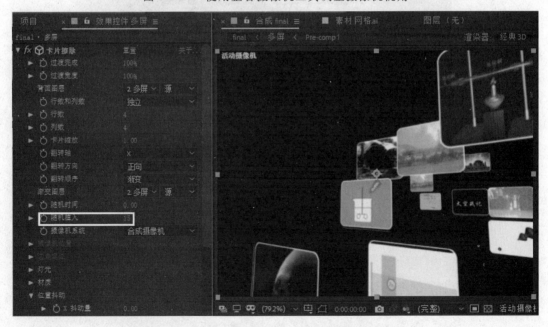

图 6-3-29　设置"随机植入"参数并调整摄像机视角

31 将"项目"面板中的素材"背景.mov"拖到合成面板中，使该层处于最下层。

32 选择"多屏"合成层，单击合成面板上方的图表编辑器按钮，展开编辑器，调整"卡片擦除/Z 抖动量"属性值为 25。

调整时间线到 22 帧，单击前面的码表图标，记录关键帧，单击编辑下的转换选择的关键帧到自动贝塞尔按钮，调整控制句柄的形态，如图 6-3-30 所示。

图 6-3-30　创建关键帧并调整自动贝塞尔曲线

33 完成制作过程，预览效果如图 6-3-31 所示。

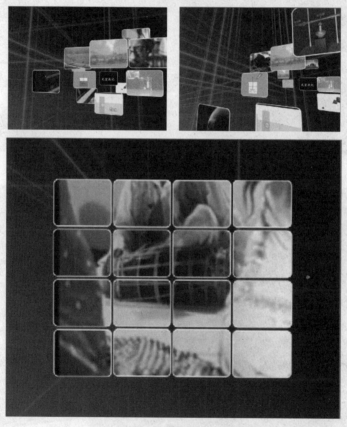

图 6-3-31　预览效果

34 保存文件。选择"文件"→"整理工程（文件）"→"收集文件"命令，即可保存文件。

知识点拨

本任务主要使用卡片擦除特效制作转场效果，使用块溶解特效结合白色固态层制作块状溶解转场和闪白效果，使用 Illustrator 软件结合描边特效制作白色边框效果，使用整合摄像机工具完成最终的摄像机动画。

◻ 拓展训练

参照本任务操作方法，制作多屏转场的视频效果。

▌知识链接　AE主要转场特效

1. 块溶解

块溶解（Block Dissolve）特效可以在图层画面上产生随机板块溶解的图像。
以下是相关参数详解。

- 过渡完成（Transition Completion）：转场完成百分比。
- 块状宽度（Block Width）：设置溶解块状的宽度。
- 块状高度（Block Height）：设置溶解块状的高度。
- 羽化（Feather）：块状边缘的羽化值。
- 柔化边缘（最佳品质）[Soft Edges（Best Quality）]：选中后将柔化块状的边缘。

2. 卡片擦除

卡片擦除（Card Wipe）特效拥有自己独立的摄像机、灯光和材质系统，可以建立多种切换效果，它把图像进行像小卡片一样的拆分来达到切换目的。
以下是相关参数详解。

- 过渡完成（Transition Completion）：控制切换的百分比。
- 变换宽度（Transition Width）：控制在切换过程中使用图像多大面积进行切换。
- 纯色图层（Back Layer）：选择切换以后要出现的图层。
- 行和列(Rows & Columns)：选择使用独立(Independent)或列跟随行(Columns Follows Rows）的切换方式。
- 行（Rows）：设置行的数量。
- 列（Columns）：设置列的数量。在行和列中选中"列跟随行"选项，此选项就可以被设置。
- 卡片擦除（Card Wipe）：缩放卡片的大小。
- 翻动轴（Flip Axis）：选择卡片翻动使用的轴。
- 翻动方向（Flip Direction）：选择卡片的翻动方向。
- 翻动顺序（Flip Order）：选择在切换过程中卡片入出场的顺序。
- 渐变图层（Gradient Layer）：选择一个渐变图层。
- 随机时间（Timing Randomness）：设置使用随机速度的值。
- 随机种子（Random Seed）：设置随机速度的种子多少。种子越多，影响的卡片块就越多。

- 摄像机系统（Camera System）：设置卡片的各种角度、过程等使用的摄像机系统。
- 摄像机位置（Camera Position）：设置摄像机的位置、缩入、旋转等参数。
- 边角定位（Corner Pins）：在摄像机系统中选中边角定位才能激活此选项。
- 照明（Lighting）：设置灯光的类型、强度、范围等。
- 材质（Material）：设置卡片的材质，主要用于对光线的反射或处理。
- 位置抖动（Position Jitter）：设置卡片在原位置上发生的抖动，包括速度、数量等。
- 旋转抖动（Rotation Jitter）：设置卡片在原角度上发生的抖动。

3．渐变擦除

渐变擦除（Gradient Wipe）特效是依据两个图层的亮度值进行的，其中一个图层叫渐变图层，用它进行参考擦除。

以下是相关参数详解。

- 过渡完成（Transition Completion）：转场完成百分比。
- 过渡柔和度（Transition Softness）：边缘柔化程度。
- 渐变图层（Gradient Layer）：选择渐变图层进行参考。
- 渐变位置（Gradient Position）：渐变图层的放置，包括居中、平铺和拉伸。
- 反转渐变（Invert Gradient）：渐变图层反向，使亮度参考相反。

4．光圈擦除

光圈擦除（Iris Wipe）特效以辐射状变化显示下面的画面，可以指定作用点、外半径及内半径来产生不同的辐射形状。

以下是相关参数详解。

- 光圈中心（Iris Center）：星形擦除的中心位置。
- 点状光圈（Iris Points）：设置星形多边形形状。
- 外径（Outer Radius）：设置外部半径的大小。
- 内径（Inner Radius）：设置内部半径的大小，要应用必须将使用内径打开。
- 旋转（Rotation）：设置旋转角度。
- 羽化（Feather）：设置边缘柔化。

5．线性擦除

线性擦除（Linear Wipe）特效可以产生从某个方向以直线的方式进行擦除的效果，擦除效果与素材的质量有很大关系。在草稿质量下，图像边界的锯齿会较为明显，在最高质量下经过反锯齿处理，边界则会变得平滑。利用此特效，可以设置擦除图层中遮罩内容的动画。

以下是相关参数详解。

- 过渡完成（Transition Completion）：转场完成百分比。
- 擦除角度（Wipe Angle）：设置直线以多大的角度进行擦除。

● 羽化（Feather）：设置直线边缘的羽化程度。

6. 径向擦除

径向擦除（Radial Wipe）特效可以在图层的画面中产生放射状旋转的擦除效果。以下是相关参数详解。

● 过渡完成（Transition Completion）：转场完成百分比。
● 起始角度（Start Angle）：擦除开始的角度大小。
● 擦除中心（Wipe Center）：擦除时的中心位置。
● 擦除（Wipe）：擦除类型，可以选择顺时针、逆时针两个方向。
● 羽化（Feather）：擦除形状的边缘羽化值。

7. 百叶窗

百叶窗（Venetian Blinds）特效所产生的擦除动画效果的过程类似百叶窗的开合。以下是相关参数详解。

● 过渡完成（Transition Completion）：转场完成百分比。
● 方向（Direction）：设置擦除动作的方向。
● 宽度（Width）：设置百叶条状的宽度。
● 羽化（Feather）：设置边缘羽化值的大小。

8. CC 锯齿

该特效可以以锯齿形状将图像一分为二进行切换，产生锯齿擦除的图像效果。以下是相关参数详解。

● 完成（Completion）：用来设置图像过渡的程度。
● 中心（Center）：用来设置锯齿的中心点位置。
● 方向（Direction）：设置锯齿的旋转角度。
● 高度（Height）：设置锯齿的高度。
● 宽度（Width）：设置锯齿的宽度。
● 形状（Shape）：用来设置锯齿的形状。从右侧的下拉列表框中根据需要选择一种形状来进行擦除，包括尖峰（Spikes）、梯形切开（Robo Jaw）、方形切开（Block）和波浪（Waves）等形状。

9. CC 扭曲

该特效可以使图像产生扭曲的效果，应用背面（Backside）选项可以将图像进行扭曲翻转，从而显示出选择图层的图像。
以下是相关参数详解。

● 完成（Completion）：用来设置图像扭曲的程度。
● 背面（Backside）：设置扭曲背面的图像。
● 阴影（Shading）：勾选该复选框，扭曲的图像将产生阴影。
● 中心（Center）：设置扭曲图像中心点的位置。
● 坐标轴（Axis）：设置扭曲的旋转角度。

单元小结

　　视频转场是在不同场景、视频画面之间进行过渡的切换效果，利用 AE 特效转场、预置转场或者自定义转场都可以制作丰富多彩的视频画面过渡效果。本单元通过具体案例学习常见转场的制作方法，使学生可以基本掌握制作影视转场和应用转场的技能。

单元练习

一、判断题

1. AE 视频转场效果也属于特效。　　　　　　　　　　　　　　　　　（　　）
2. 每个转场特效都有 Transition Completion 参数，设置百分比值。　　（　　）

二、填空题

1. AE 内置转场特效有＿＿＿＿＿、＿＿＿＿＿、＿＿＿＿＿、＿＿＿＿＿、＿＿＿＿＿、＿＿＿＿＿、＿＿＿＿＿等（用英文或中文表示）。
2. 在 AE 中要应用预置动画转场效果，可单击菜单＿＿＿＿＿＿＿＿＿打开，并根据需要进行选择转场。

三、操作题

1. 按下面要求制作《我看世博会》视频。
1) 使用 AE 完成该视频制作。
2) 有主题字幕"我看世博会"，字幕清晰显眼，有适当背景。
3) 在介绍世博会时，可以加上适当字幕，让读者看完之后知道视频所反映的内容。
4) 有适当转场。
5) 有背景音乐。
6) 最后加上字幕：

　　谢谢收看

　　Design By××号

7) 导出视频并保存文件为 K01.mov。
2. 按下面要求制作《亚运场馆》视频。
1) 使用 AE 完成该视频制作。
2) 有主题字幕，字幕清晰显眼，有适当背景。
3) 该视频中应给场馆配上适当字幕以作解说。
4) 有适当转场。
5) 有背景音乐。

6）最后加上字幕：

The End

See You

7）导出视频并保存文件为 K02.mov。

3. 制作顺德美食短片。

1）影视主题：顺德美食

● 利用 AE 运用已提供的素材，制作一段视频，介绍顺德美食。

● 各素材自行搭配使用，要求具备丰富的切换效果，给人以美的感受。

2）详细要求如下。

● 片头接入自然，显示主题文字要精彩，展示各种菜肴样图时连贯自然。

● 影片背景、主演内容、字幕等搭配合理。

● 各种菜肴有相应的字幕介绍、特效、动画等，不能只是单一的图片展示。

● 背景声音搭配合理。

● 片尾结束合理、自然、连贯。

● 片尾字幕提供影片人是 John，监制单位为"顺德胡锦超职业技术学校"，鸣谢："顺德电视台"，并提供制作日期。

● 影片长度为 60 秒。

● 除以上要求外，还可以充分运用所有素材添加你的创意效果及图片等。

3）上传作品如下。

● 源文件。

● 导出的 WMV 格式作品文件名为 K03.wmv。

7

单元七　影视音频处理

技能目标

- ➤ 掌握音量调节
- ➤ 认识声音特效
- ➤ 了解常见音频格式
- ➤ 能够设置声音淡入、淡出
- ➤ 掌握导出声音设置
- ➤ 能够给视频配音、配乐
- ➤ 掌握声音与字幕相同步

音频是一个专业术语，人们能够听到的所有声音均称为音频，如说话声、歌声、乐器发出的声音、汽车发出的声音等。这些声音经过采样、量化、编码后，以数字信号波形文件的格式保存起来，常见的声音格式有 CD、WAV、MP3、Real Audio、MIDI 等。在计算机中对音频常见的操作有淡入、淡出、音调、音量调节、格式转换等。

本单元学习音频的基本操作，一个好的影片不但要有好的视觉效果，还离不开声音这个元素。音频在影片中所起的作用可分为渲染背景气氛、刻画剧中人物的心理、连贯镜头、深化主题等。下面介绍有关音频的常见操作。

任务一 为视频配解说
——对字幕配音

为视频配解说

任务描述

本任务学习在视频中配解说音频、字幕，要求视频画面与声音、字幕一一对应。最终把影片导出为 MOV 格式的影片，影片的部分镜头如图 7-1-1 所示。

图 7-1-1 影片的部分镜头

任务实现

01 启动 AE。

02 新建一个项目文件。选择"文件"→"新建"→"新建项目"命令，在新的项目文件中编辑、制作视频。

03 导入素材图片文件"1.JPG""2.JPG"及声音文件"解说.mp3"。选择"文件"→"导入"→"文件"命令，把需要用到的素材导入项目文件中，如图 7-1-2 所示。

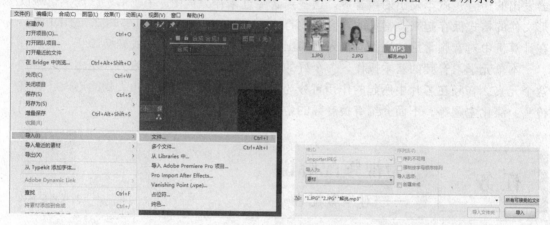

图 7-1-2　导入素材

04 在项目文件中查看素材文件。在图 7-1-2 中单击"导入"按钮后，即可把素材导入"项目"面板上，如图 7-1-3 所示。

图 7-1-3　把素材导入"项目"面板

05 把"解说.mp3"拖到"新建合成"按钮上,则自动生成一个新的合成,如图 7-1-4 所示。

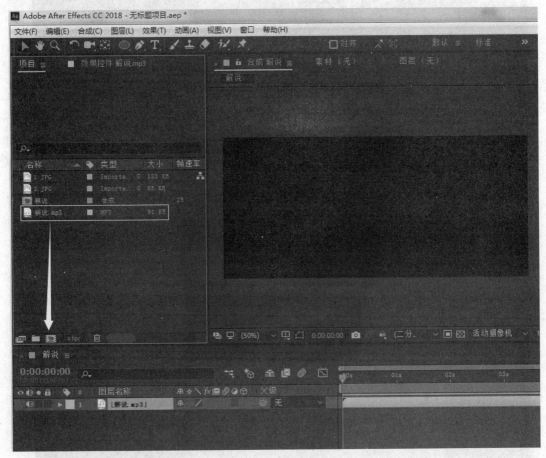

图 7-1-4 新建合成

06 快速预览音频。通过快捷键"Ctrl+拖动当前时间标记 🔘"或者按小键盘上的数字键"0",即可快速预览解说声音。通过预听知道该声音在 2 秒 20 帧前、后各有一句解说;为了更好地对字幕,把时间定位到 2 秒 20 帧,选择"编辑"→"拆分图层(Ctrl+Shift+D)"命令,将该图层音频在 2 秒 20 帧处裁剪成前后两段音频,将两句话分隔开,如图 7-1-5 所示。

07 将素材"1.JPG"拖到"合成"窗口中,并选择"图层"→"变换"→"适合复合高度"命令,调整图片大小,使得与"合成"窗口匹配,或者通过快捷菜单实现,如图 7-1-6 所示。

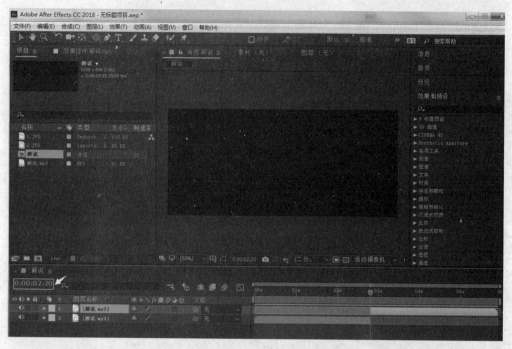

图 7-1-5 裁剪音频

图 7-1-6 调整图片大小

08 调整图层"[1.JPG]"开始播放时间，以使画面与声音匹配。把鼠标光标移到"[1.JPG]"图层色标在时间线面板上最右端处，当光标变成↔形状时按鼠标左键向左拖动，直到把图层的色标最右端拖到与时间线齐平后再松开鼠标，如图 7-1-7 所示。

图 7-1-7　设置第 1 个画面与声音匹配

09 使用横排文字工具 T 输入文字"广东省优秀团员李俊毅"，输入文字后，设置字体、字号、颜色；参照步骤 8 设置该文字图层时间从 0 秒到 2 秒 20 帧，如图 7-1-8 所示。

图 7-1-8　输入第 1 个字幕

10 参照步骤 7 和步骤 8 将图片"2.JPG"拖到"合成"窗口中，并设置该图层时间为 2 秒 21 帧到最后，如图 7-1-9 所示。

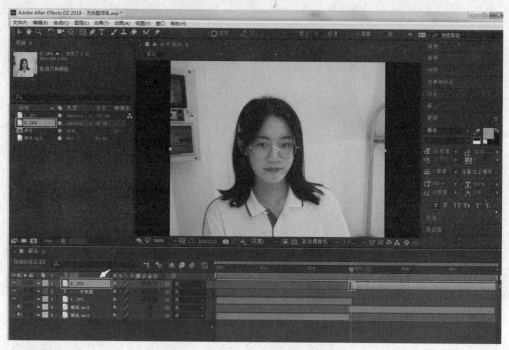

图 7-1-9 设置第 2 个画面与声音匹配

11 参照步骤 9 继续输入文字"佛山市优秀学生干部 温瑾昱"，设置该文字图层时间从 2 秒 21 帧到最后，如图 7-1-10 所示。

图 7-1-10 输入第 2 个字幕

12 按小键盘上的数字键 "0"，即可预览影片，检查声音与画面、字幕是否匹配。

13 导出带有声音的影片。选择 "合成" → "添加到渲染队列（Ctrl+M）" 命令，导出动画视频，设置导出视频格式为 "QuickTime"，勾选 "自动音频输出" 左侧的复选框。

14 保存文件。选择 "文件" → "保存" 命令即可。

15 文件打包。选择 "文件" → "整理工程（文件）" → "收集文件" 命令即可。

知识点拨

1. 掌握音频声音预览。
2. 音频剪辑、设置音频开始与结束时刻。
3. 视频制作时需注意文字字幕和音频的匹配与对应。

拓展训练

1. 参照教材资源包中的效果 T71A，利用提供素材给视频配声音、加字幕。
2. 参照教材资源包中的效果 T71B，利用提供素材制作 MTV 短片。

任务二　为颁奖大会配背景音乐
——音量调节、淡入淡出

任务描述

　　给一段颁奖大会的视频配背景音乐，要求背景音乐音量远小于宣读表彰名单的声音，并且背景音乐的音量在开始有慢慢进入以及最后缓慢消失的过程，最终把合成导出为 MOV 格式的影片。颁奖大会部分镜头如图 7-2-1 所示。

图 7-2-1　颁奖大会部分镜头

任务实现

01 启动 AE。

02 新建一个项目文件。选择"文件"→"新建"→"新建项目"命令，在新的项目文件中编辑、制作视频。

03 导入视频素材"颁奖大会.wmv"及声音素材 music.wav。选择"文件"→"导入"→"文件"命令，把需要用到的素材导入项目文件中，如图 7-2-2 所示。

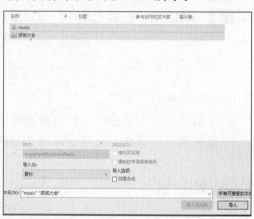

图 7-2-2　导入素材

04 在项目文件中查看素材文件。在图 7-2-2 中单击"导入"按钮，把素材导入"项目"面板上，如图 7-2-3 所示。

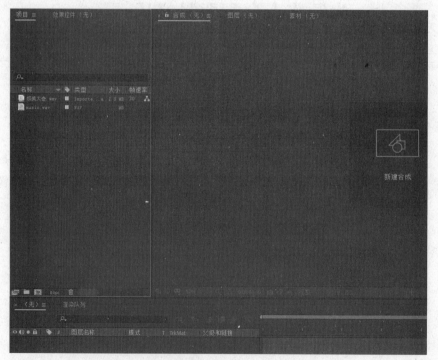

图 7-2-3　把素材导入"项目"面板

05 把"颁奖大会.wmv"拖到"新建合成"按钮上，则自动生成一个新的合成，如图 7-2-4 所示。

06 将声音文件"music.wav"拖到合成面板中作为影片的背景音乐层。在"项目"

面板用鼠标将素材 music.wav 选中，然后按下鼠标拖动到合成面板的图层轨道上（或者拖动到"合成"窗口）再松开鼠标，在合成面板中可看到多了一个声音图层"music.wav"，如图 7-2-5 所示。

图 7-2-4　新建合成

图 7-2-5　背景音乐层

07 按小键盘数字键"0"，预览加上背景音乐之后的影片效果，预览后知道背景音乐的音量明显大于宣读表彰名单的音量。下面需对背景音乐的音量进行调整。

08 调整影片背景音乐层的音量。用鼠标选中图层"music.wav"，单击其左侧 ▶ 图标，展开"音频"属性，设置"音频电平"属性值为"-26dB"。

图 7-2-6   调整背景音乐音量

09 背景音乐淡入淡出设置。在时间线 2 秒与 28 秒处给音频电平创建关键帧，其属性值无须修改；在时间线 0 秒与 30 秒 21 帧处也分别给音频电平创建关键帧，这两个时刻"音频电平"的属性值均设置为"-100dB"。从而实现了在 0 秒到 2 秒之间背景音乐有渐入过程，在 28 秒到 30 秒 21 帧之间背景音乐有渐出过程，在 2 秒到 28 秒之间背景音乐的音量平稳。四个关键帧创建如图 7-2-7 所示。

图 7-2-7   背景音乐淡入淡出设置

10 按小键盘上数字键"0",预览关键帧动画效果。

11 导出带有声音的影片。选择"合成"→"添加到渲染队列"命令,导出动画视频,设置导出视频格式为"QuickTime",勾选"自动音频输出"复选框。

12 选择"文件"→"保存"命令,保存视频工程源文件。

13 打包文件。选择"文件"→"整理工程(文件)"→"收集文件"命令即可。

知识点拨

1. 对音量进行调节。
2. 掌握声音的淡入淡出设置。

拓展训练

1. 参照教材资源包中的效果 T72A,利用提供素材为片头加上背景音乐。
2. 参照教材资源包中的效果 T72B,利用提供素材为视频配背景音乐,要求有淡入淡出过程。

任务三 | 制作演唱会回音效果
——回音特效

任务描述

本任务学习音频特效应用,AE 提供了几种主流的音频特效,如回声特效可以实现各种室内效果,高通/低通特效可以去除交通噪声,调节器特效可以制作震音或颤音等。在菜单"特效"→"音频"中列出了 AE 所提供的各种音频特效(图 7-3-1),包括调制器、倒放、低音和高音、参数均衡、变调与合声、延迟、混响、立体声混合器、音调、高通/低通。

本任务要求给演唱会视频的声音添加回音效果,要求回音大小、音量、延迟时间合适,最终把合成导出为 WMV 格式的影片。

图 7-3-1　AE 音频特效

任务实现

01 启动 AE。

02 新建一个项目文件。选择"文件"→"新建"→"新建项目"命令，在新的项目文件中编辑、制作视频。

03 导入视频素材"演唱会.wmv"。选择"文件"→"导入"→"文件"命令，拖动鼠标选中需要导入的全部素材，如图 7-3-2 所示。

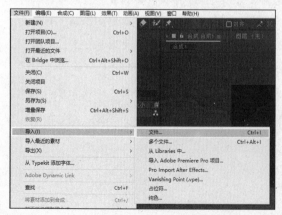
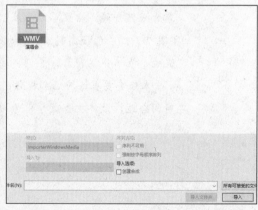

图 7-3-2　导入素材

04 在项目文件中查看素材文件。在图 7-3-2 中单击"导入"按钮后，即可把素材导入"项目"面板上，如图 7-3-3 所示。

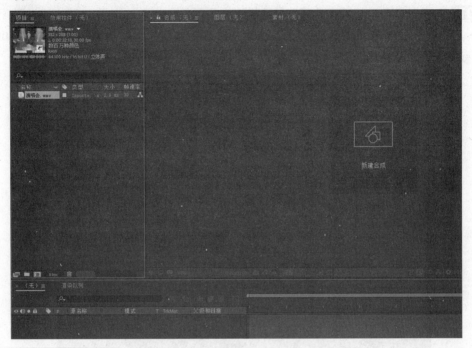

图 7-3-3 把素材导入"项目"面板

05 把"演唱会.wmv"拖到"新建合成"按钮上，则自动生成一个新的合成，如图 7-3-4 所示。

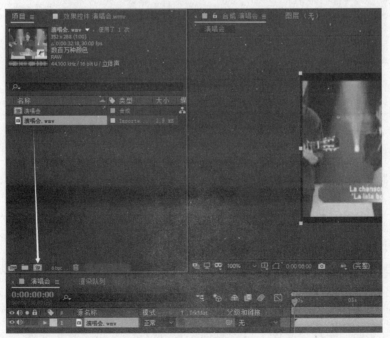

图 7-3-4 新建合成

06 按小键盘上的数字键"0"，即可预览影片原有声音效果，预览后知道原有声音没有回音效果。

07 给原有声音添加回音特效。用鼠标选中图层"演唱会.wmv"，选择"效果"→"音频"→"延迟"命令，添加音频特效延迟，设置延迟时间为 400 毫秒，延迟量为 60%，如图 7-3-5 所示。

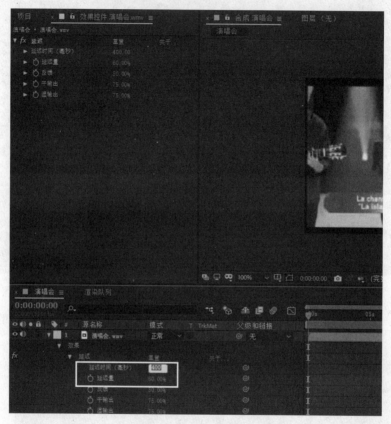

图 7-3-5　设置延迟特效参数值

小贴士

　　延迟特效有 5 个属性用来调节控制声音的延迟效果。其中，延迟时间用来设置原始声音与延迟声音之间的时间间隔，以毫秒为单位，它的默认值为 500 毫秒；延迟量用来设置声音延迟量，默认延迟 50%的声音；反馈用来控制回音反馈的数量，数值越高，则回音的延续时间就越长；干输出用来控制原始声音的输出量；湿输出用来控制修改后声音的输出量。

08 按小键盘上的数字键"0"，即可预览添加特效后的音频效果。

09 导出带有声音的影片。选择"合成"→"添加到渲染队列"命令，导出动画视频，设置导出视频格式为"QuickTime"，勾选"自动音频输出"复选框。

10 选择"文件"→"保存"命令，即可保存视频工程源文件。

11 打包文件。选择"文件"→"整理工程（文件）"→"收集文件"命令即可。

知识点拨

1. 菜单"效果"→"音频",列出了 AE 所提供的音效。

2. 延迟效果,是一个指定的时间后重复音频的特效,有 5 个属性用来调节控制声音的延迟效果。

拓展训练

1. 参照教材资源包中的效果 T73A,利用提供的声音素材添加回音效果。

2. 参照教材资源包中的效果 T73B,给提供视频的声音添加回音效果。

3. 参照教材资源包中的效果 T73C,利用高通/低通分离特效减少视频素材中噪声。

任务四 改变说话人的音调
——去杂音,改变音调

改变说话人的音调

■ 任务描述

通过 AE 的高通/低通音频特效把室外拍摄视频带有的杂音去掉,再用特效调制器改变音频频率,达到改变声音音调的效果。例如,在新闻媒体采访举报者时,为了隐藏举报者身份,在新闻后期制作中对声音进行变调处理。影片的部分镜头如图 7-4-1 所示。

图 7-4-1 改变说话人音调的部分视频镜头

任务实现

01 启动 AE。

02 新建一个项目文件。选择"文件"→"新建"→"新建项目"命令，在新的项目文件中编辑、制作视频。

03 导入视频素材"举报.wmv"。选择"文件"→"导入"→"文件"命令，拖动鼠标选中需要导入的全部素材，如图 7-4-2 所示。

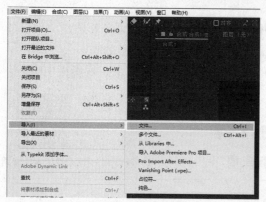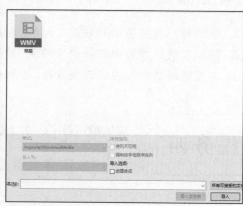

图 7-4-2　导入素材

04 在项目文件中查看素材文件。在图 7-4-2 中单击"导入"按钮后，则把素材导入"项目"面板上，如图 7-4-3 所示。

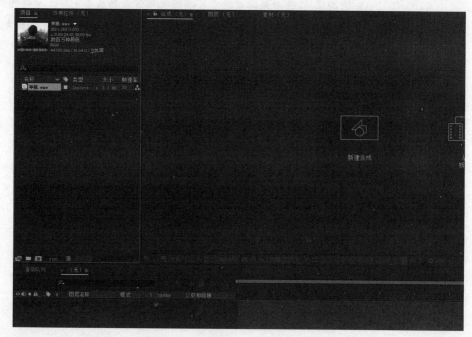

图 7-4-3　把素材导入"项目"面板

05 把"举报.wmv"拖到"新建合成"按钮上，则自动生成一个新的合成，如图 7-4-4 所示。

图 7-4-4　新建合成

06 按小键盘上的数字键"0"，即可预览影片原有声音效果，预览后知道原有声音是正常说话声但杂音很明显。下面给原有音频添加高通/低通特效去除杂音，利用特效调制器改变音调。

07 给原有声音添加高通/低通特效去除杂音。用鼠标选中图层"举报.wmv"，选择"效果"→"音频"→"高通"→"低通"命令，即可添加音频特效；接着把"滤镜选项"设置为"低通"，把"屏蔽频率"设置为 400，如图 7-4-5 所示。按小键盘上的数字键"0"，即可预览过滤掉杂音后的音频效果，可听到声音比原来清晰流畅得多。

> **小贴士**
>
> 用户可以通过高通/低通特效去掉低频或高频杂音，以达到改善音质的目的。

08 给原有声音添加特效调制器改变音调。用鼠标选中图层"举报.wmv"，选择"效果"→"音频"→"调制器"命令，即可添加音频特效；接着把"调制速率"设置为 46，如图 7-4-6 所示。按小键盘上的数字键"0"，即可预览音频效果，可听到音调发生了改变。

图 7-4-5　设置高通/低通特效过滤杂音

图 7-4-6　设置调制器改变音调

09 按小键盘上的数字键"0"，即可预览添加特效后的音频效果。

10 导出带有声音的影片。选择"合成"→"添加到渲染队列"命令，即可导出动画视频，设置导出视频格式为"QuickTime"，勾选"自动音频输出"复选框。

11 选择"文件"→"保存"命令，即可保存视频工程源文件。

12 打包文件。选择"文件"→"整理工程（文件）"→"收集文件"命令即可。

知识点拨

1. 高通/低通特效用于去除室外拍摄的影片中带有的杂音。
2. 调制器特效用于改变音调。

拓展训练

参照教材资源包中的效果 T74A，改变素材的音调。

单元小结

本单元主要学习了 AE 音频处理操作及音频特效应用，影视后期制作是声画艺术结合的过程。

单元练习

一、判断题

1. 在 AE 中要对音频进行裁剪是做不到的。　　　　　　　　　　　　（　　）

2. 要对声音的音量进行调整，只要选中含有声音的图层，然后修改图层的"音频电平"的属性值即可。　　　　　　　　　　　　　　　　　　　　　　（　　）

3. 要对 AE 影片的视频静音，单击图层左端的图标按钮，可以实现声音的开与关。
　　　　　　　　　　　　　　　　　　　　　　　　　　　　　　（　　）

二、填空题

预览合成面板中的音频，可以通过按住＿＿＿键并拖动当前时间线或者按小键盘上的数字键＿＿＿快速预览声音。

三、操作题

1. 对素材音量进行调整，使其音量变大。
2. 给影片加上背景音乐。
3. 给音频增加伴唱效果。
4. 改变素材的音调。

8

单元八　制作 3D 影视效果

技能目标

- ➤ 了解三维空间的意义
- ➤ 掌握基本 3D 的制作方法
- ➤ 掌握三维图层的设置
- ➤ 了解摄像机层、灯光层的含义
- ➤ 掌握摄像机位置及灯光的位置控制
- ➤ 利用多个合成制作影片

三维场景特效是影视作品中常用的立体表现手法，利用 AE 中的插件可以制作诸如立体文字、三维飞行、镜头穿梭等各种三维效果。

本单元主要学习应用 3D 图层，在合成面板的控制窗口中，可以利用"三维图层"控制按钮打开/关闭图层的 3D 属性，图层具有 3D 属性后才可以对图层内容进行三维调整和特效应用。图 8-0-1 所示为 3D 图层。

3D图层

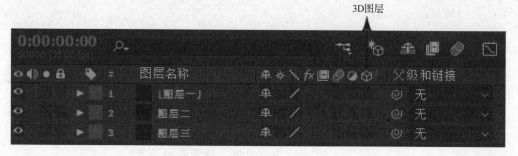

图 8-0-1　3D 图层

任务一　制作 3D 光效
——实现 3D 光环特效

制作 3D 光效

■ 任务描述

利用极坐标制作圆环，利用变换下的旋转属性制作旋转的光环效果，基本 3D 可以实现光环的三维效果。其中，影片部分镜头如图 8-1-1 所示。

图 8-1-1　3D 光效部分镜头

任务实现

01 按快捷键 Ctrl+N，弹出"合成设置"对话框，在"合成名称"文本框中输入"光线"，其他选项的设置如图 8-1-2 所示，单击"确定"按钮，创建一个新的合成。

02 选择"图层"→"新建"→"纯色"命令，在弹出的"纯色设置"对话框的"名称"中输入"光线"，颜色设置为白色，其他参数设置如图 8-1-3 所示，创建一个新的固态层。

图 8-1-2　新建一个合成

图 8-1-3　新建一个固态层

03 选择工具栏上的矩形工具，并在"光线"图层上绘制小长方形的形状，设置"蒙版羽化"属性值为（100,10），如图 8-1-4 所示。

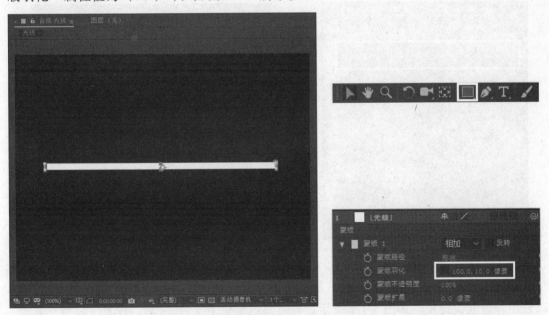

图 8-1-4　绘制一小长方形

04 选中"光线"层，按快捷键 Ctrl+D 复制层，并命名为"内光线"；选中"内光线"层，按快捷键 S，设置"缩放"的属性值为 80%，并移动适当位置，效果如图 8-1-5 所示。

05 按快捷键 Ctrl+N，新建合成"光环"，参数设置如图 8-1-6 所示，在"项目"面板中将"光线"合成拖到"合成"窗口。

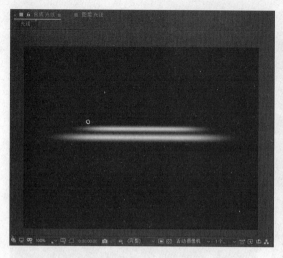

图 8-1-5　复制一个层，命名为"内光线"

图 8-1-6　新建一个合成

06 选择"光线"层，选择"效果和预设"→"扭曲"→"极坐标"命令，设置"插值"为 100%，设置"转换类型"为"矩形到极线"，参数设置及效果如图 8-1-7 所示。

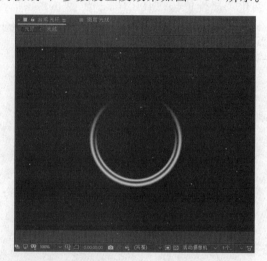

图 8-1-7　应用特效制作"光环"

07 按快捷键 R，展开"旋转"属性，将时间线定位于 0 秒，单击"旋转"左边的码表图标建立关键帧，如图 8-1-8 所示；将时间线定位于 9 秒 24 帧，设置"旋转"的值为 10x+0°，如图 8-1-9 所示。

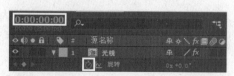

图 8-1-8　"旋转"属性的第 1 个关键帧

图 8-1-9　"旋转"属性的第 2 个关键帧

08 按快捷键 Ctrl+N 新建合成，命名为"最终合成"，其他参数设置如图 8-1-10 所示；将光环拖到"合成"窗口，效果如图 8-1-11 所示。

图 8-1-10　新建一个合成

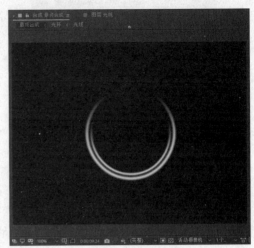

图 8-1-11　合成效果

09 选中"光环"层，按快捷键 Ctrl+D 3 次，复制 3 个相同的图层，分别命名为"光环 1""光环 2""光环 3""光环 4"，效果如图 8-1-12 所示。

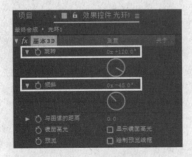

图 8-1-12　连续复制 3 个光环图层

10 选中"光环 1"图层，选择"效果和预设"→"过时"→"基本 3D"命令，设置"旋转"值为 0x+120°、"倾斜"值为 0x-45°，如图 8-1-13 所示；选中"光环 2"图层，选择"效果和预设"→"过时"→"基本 3D"命令，设置"旋转"值为 0x-45°、"倾斜"值为 0x-100°，如图 8-1-14 所示；选中"光环 3"图层，选择"效果和预设"→"过时"→"基本 3D"命令，设置"旋转"值为 0x-70°、"倾斜"值为 0x-45°，如图 8-1-15 所示。调整后的效果如图 8-1-16 所示。

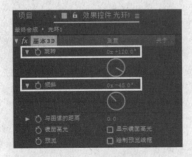

图 8-1-13　"光环 1"图层应用
基本 3D 特效

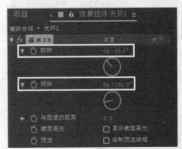

图 8-1-14　"光环 2"图层应用
基本 3D 特效

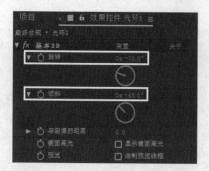

图 8-1-15 "光环 3"图层应用
基本 3D 特效

图 8-1-16 最终效果

11 选择文本，在光环中央输入"光"字，设置字体为"华文隶书"，字号大小为 100，颜色值为（40,200,20），如图 8-1-17 所示；将"光"图层放置在最底层，如图 8-1-18 所示。

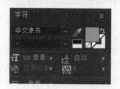

图 8-1-17 设置"光"字格式

图 8-1-18 调整文字图层的图层顺序

12 选中"光"层，选择"效果和预设"→"风格化"→"发光"命令，设置"发光半径"值为 100，其他参数设置如图 8-1-19 所示。

13 将时间线定位于 0 秒，单击源点左边的码表图标，设置源点为（270,200）；将时间线定位于 2 秒，单击源点左边的码表图标，设置源点为（360,200）；将时间线定位于 4 秒，单击源点左边的码表图标，设置源点为（360,280）；将时间线定位于 6 秒，单击源点左边的码表图标，设置源点为（270,280）；将时间线定位于 8 秒，单击源点左边的码表图标，设置源点为（320,240）。

14 基本 3D 光环特效制作完成，最终效果如图 8-1-20 所示。

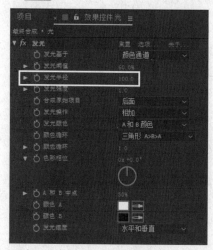

图 8-1-19 发光特效

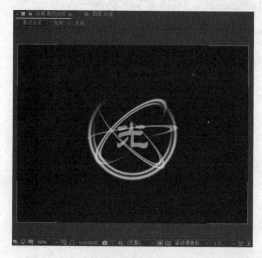

图 8-1-20 基本 3D 光环特效最终效果

知识点拨

1. 利用蒙版工具可以绘制类似于填充的矩形，而其中的"蒙版羽化"参数可以让矩形得到充分的羽化，之所以有类似于光环的旋转效果，是因为有了非闭合的双环产生的效果。

2. 极坐标特效可以让矩形形状变成圆环形状，也可以让圆环形状变成矩形形状。

3. TrapCode 特效集是 AE 的外置特效，需要自行下载安装。

拓展训练

1. 利用本任务中给定的方法，修改 Swivel 参数，实现光环整体 360°的旋转效果。

2. 利用本任务制作的实例，制作一个飞行中的光环。

任务二 飞舞的蝴蝶效果
——3D 图层以及沿着路径运动

飞舞的蝴蝶效果

任务描述

利用 3D 图层设置坐标旋转，实现蝴蝶翅膀旋转的效果，利用蝴蝶左右翅膀的同时转动，产生如飞行时的运动效果。影片部分镜头如图 8-2-1 所示。

图 8-2-1 飞舞的蝴蝶部分镜头

任务实现

01 选择"文件"→"导入"→"文件"命令，在"导入文件"对话框中选择"蝴蝶"图片，设置"导入为"为"素材"，单击"导入"按钮，如图 8-2-2（a）所示。在弹出的"蝴蝶.psd"对话框中设置"导入种类"为"合成"，选中"可编辑的图层样式"单选按钮，单击"确定"按钮，如图 8-2-2（b）所示。

02 打开"图层 2""图层 3"的 3D 开关，如图 8-2-3 所示。

03 选中"图层 2"，单击"图层 2"左边的三角形按钮，打开图层属性设置面板，设置蝴蝶左边翅膀的"锚点"为（48,36,0），"位置"为（46.5,49,0），如图 8-2-4 所示。选中

"图层 3"，设置蝴蝶右边翅膀的"锚点"为（0,35,0），"位置"为（53.5,51,0），如图 8-2-5 所示。选中"图层 1"，设置"锚点"为（7,21），"位置"为（53,56），如图 8-2-6 所示。

(a)

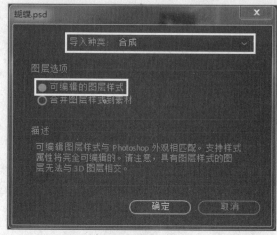

(b)

图 8-2-2　导入素材

图 8-2-3　打开 3D 图层开关

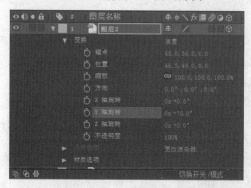

图 8-2-4　设置蝴蝶左边翅膀变换

图 8-2-5　设置蝴蝶右边翅膀变换

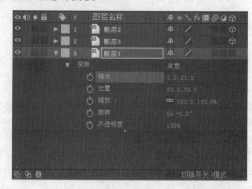

图 8-2-6　其他设置

04 选择"图层 2",按快捷键 R 展开"旋转"属性,将时间线定位于 0 秒,单击 "Y 轴旋转"左边的码表图标创建关键帧,设置"Y 轴旋转"的值为 0x-70°;将时间线定位于 12 秒,设置"Y 轴旋转"的值为 0,其他时间的设置见表 8-2-1。

表 8-2-1 设置图层 2"Y 轴旋转"

时间	0 秒	0 秒 12 帧	0 秒 24 帧	1 秒 12 帧	1 秒 24 帧	2 秒 12 帧	2 秒 24 帧	3 秒 12 帧	3 秒 24 帧	4 秒 12 帧	4 秒 24 帧	5 秒 12 帧	5 秒 24 帧
Y 轴旋转	-70	0	-70	0	-70	0	-70	0	-70	0	-70	0	-70

05 选择"图层 3",按快捷键 R 展开"旋转"属性,将时间线定位于 0 秒,单击 "Y 轴旋转"左边的码表图标创建关键帧,设置"Y 轴旋转"的值为 0x-70°;将时间线定位于 12 秒,设置"Y 轴旋转"的值为 0,其他时间的设置见表 8-2-2,图层设置如图 8-2-7 所示。

表 8-2-2 设置图层 3"Y 轴旋转"

时间	0 秒	0 秒 12 帧	0 秒 24 帧	1 秒 12 帧	1 秒 24 帧	2 秒 12 帧	2 秒 24 帧	3 秒 12 帧	3 秒 24 帧	4 秒 12 帧	4 秒 24 帧	5 秒 12 帧	5 秒 24 帧
Y 轴旋转	70	0	70	0	70	0	70	0	70	0	70	0	70

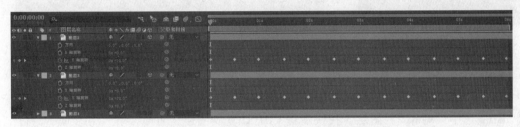

图 8-2-7 "飞舞的蝴蝶效果"图层设置

06 按快捷键 Ctrl+N,弹出"合成设置"对话框,在"合成名称"文本框中输入"蝴蝶飞舞",其他选项设置如图 8-2-8 所示。选择"文件"→"导入"→"文件"命令,在 "导入文件"对话框中选择"背景"图片,单击"导入"按钮,并将其拖到"合成"窗口中,按快捷键 Ctrl+Alt+F,调整图片至适合大小。

图 8-2-8 设置合成名称及其他参数

07 将"蝴蝶"合成拖到合成面板，并放在"背景"图层之上。选择"窗口"→"动态草图"命令，打开"动态草图"面板并设置参数，如图 8-2-9 所示，单击"开始捕捉"按钮；当"合成"窗口中的鼠标指针变成十字形状时，在窗口中绘制运动路径，如图 8-2-10 所示。

图 8-2-9　添加特效"动态草图"

图 8-2-10　绘制运动路径

08 选中"蝴蝶"图层，选择"图层"→"变换"→"自动方向"命令，在弹出的"自动方向"对话框中选中"沿路径定向"单选按钮，如图 8-2-11 所示。

09 选中"蝴蝶 2"图层，按快捷键 Ctrl+D 复制图层，重复步骤 7 和步骤 8，制作第二只蝴蝶的动画，如图 8-2-12 所示。

图 8-2-11　设置"沿路径定向"自动方向

图 8-2-12　制作第二只蝴蝶动画

10 导出并保存动画文件。

知识点拨

1. 复合裁剪层是在导入 Photoshop 图片时，可以分层导入合成中，并且可以重新进行编辑，如果不选此项，则导入图片中的蝴蝶的左右翅膀是不会分开的。

2."动态草图"的使用可以使蝴蝶的运动看起来更随意、更真实，如果单纯地使用"位置"属性改变蝴蝶的位置就会显得非常生硬，达不到预期的效果。

拓展训练

1. 根据本任务中的制作方法，制作一个小狗奔跑的运动动画。
2. 制作小狗捕蝶的动画。

任务三 飞行相册
——3D 图层的应用

飞行相册

任务描述

本任务学习如何应用灯光和摄像机，使光线的表现在三维空间中可以直接体现出物体在运动过程中的方向与真实感。例如，我们生活中见到的平行光（太阳光）、点光源等，通过对物体的照射体现出物体表面的方向。

AE 中的摄像机工具可以模拟真实摄像机的光学特性，产生各种拍摄效果，如推镜头、拉镜头、晃镜头等，在 AE 中很容易实现相应的效果。选择"图层"→"新建"→"摄像机"命令即可建立摄像机，如图 8-3-1 所示。

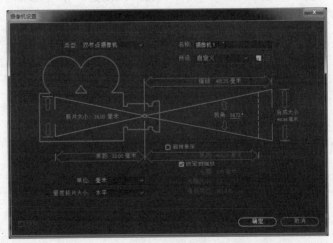

图 8-3-1 "摄像机设置"对话框

本任务要求制作一个飞行相册，利用摄像机的位置运动产生镜头的移动，类似的效果在很多三维相册中可以见到，制作过程中通过设置图片的三维坐标，使图片在三维空间中处于不同的位置，利用摄像机的位置变化产生运动，从不同的角度投射到相册中，实现镜头的推拉。飞机相册部分镜头效果如图 8-3-2 所示。

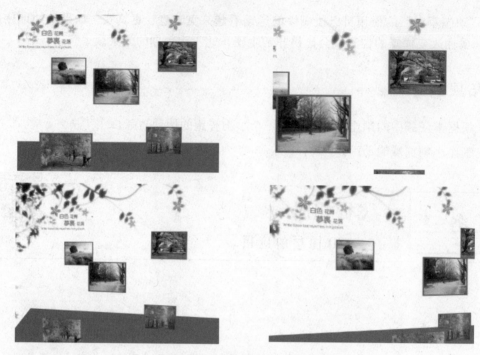

图 8-3-2　飞行相册部分镜头效果

任务实现

01 选择"文件"→"导入"→"文件"命令，在弹出的"导入文件"对话框中选择"三维相册\Footage\1～5"5 个 JPG 文件，设置"导入为"为"素材"，单击"导入"按钮，如图 8-3-3 所示。

图 8-3-3　导入素材

02 按快捷键 Ctrl+N，弹出"合成设置"对话框，在"合成名称"文本框中输入"图片 1"，如图 8-3-4 所示，新建一个合成。将"1.jpg"文件拖到"合成"窗口，按 Ctrl+Alt+F 快捷键，调整图片至适当大小，效果如图 8-3-5 所示。

图 8-3-4　新建合成"图片 1"　　　　　　图 8-3-5　将图片拖到"合成"窗口

03 选择"图层"→"新建"→"纯色"命令，新建一个固态层，在"纯色设置"对话框的"名称"文本框中输入"边框"，颜色设置为灰色（100,100,100），如图 8-3-6 所示。将"边框"图层置于"1.jpg"图层下面，如图 8-3-7 所示。

04 选择"1.jpg"图层，按快捷键 S 展开"缩放"属性，设置缩放值为（155,115%），如图 8-3-8 所示。

图 8-3-7　调整"边框"图层位置

图 8-3-6　新建固态层"边框"　　　　　　图 8-3-8　设置"缩放"属性

05 利用同样的方法创建"图片 2""图片 3""图片 4""图片 5"合成，分别放置 2.jpg、3.jpg、4.jpg、5.jpg 图片文件，如图 8-3-9 所示。

06 按快捷键 Ctrl+N，弹出"合成设置"对话框，在"合成名称"文本框中输入"相册"，如图 8-3-10 所示，新建一个合成。将图片 1、图片 2、图片 3、图片 4、图片 5 这 5 个合成拖到合成面板，调整图层的顺序，如图 8-3-11 所示。

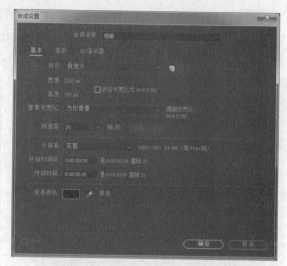

图 8-3-10　新建合成"相册"

图 8-3-9　新建合成"图片 2"～"图片 5"　　　图 8-3-11　将图片拖到合成面板并调整位置

07 同时选中所有图层，按快捷键 S 展开"缩放"属性，设置"缩放"值为（20,20%），如图 8-3-12 所示，效果如图 8-3-13 所示。

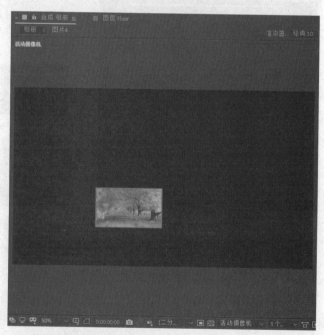

图 8-3-12　设置图片"缩放"属性　　　　图 8-3-13　"缩放"属性设置之后的效果

08 打开所有图层的 3D 图层属性，如图 8-3-14 所示。

09 选中"图片 1"图层，按快捷键 P 展开"位置"属性，设置"位置"属性值为
(510,470,-200)；选中"图片 2"图层，按快捷键 P 展开"位置"属性，设置"位置"值
为 (450,250,160)；选中"图片 3"图层，按快捷键 P 展开"位置"属性，设置"位置"
值为 (830,210,45)；选中"图片 4"图层，按快捷键 P 展开"位置"属性，设置"位置"
值为 (800,490,130)；选中"图片 5"图层，按快捷键 P 展开"位置"属性，设置"位置"
值为 (630,310,-100)。各图层"位置"属性设置如图 8-3-15 所示，效果如图 8-3-16 所示。

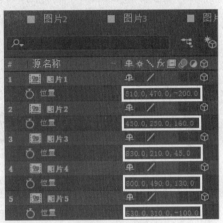

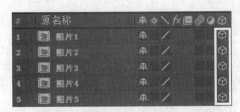

图 8-3-14 打开所有图层的 3D 图层属性　　图 8-3-15 设置各图层"位置"属性

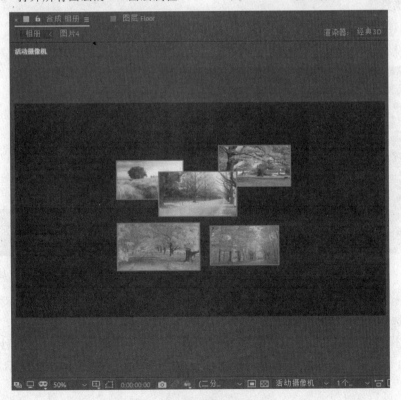

图 8-3-16 各图层调整位置后的效果

图 8-3-17　创建固态层"Floor"

图 8-3-18　打开"Floor"图层的 3D 图层属性

10 选择"图层"→"新建"→"纯色"命令，打开"纯色设置"对话框，在"名称"文本框中输入"Floor"，颜色设置为灰色（100,100,100），如图 8-3-17 所示；将 Floor 图层放置在最下面，打开 Floor 图层的 3D 图层属性，如图 8-3-18 所示。

11 选中 Floor 图层，设置"位置"属性值为（660,600,135），设置"缩放"属性值为（150,150,150%），设置"X 轴旋转"属性值为 0x-70°，如图 8-3-19 所示。

12 选择"文件"→"导入"→"文件"命令，打开"文件导入"对话框，选择"背景.jpg"文件，导入背景图片，将背景图片拖曳到合成面板，并放置于"Floor"图层之下。打开"背景"图层的 3D 图层属性。

13 选择"背景"图层，按快捷键 P 展开"位置"属性，设置"位置"属性值为（640,240,300），如图 8-3-20 所示。

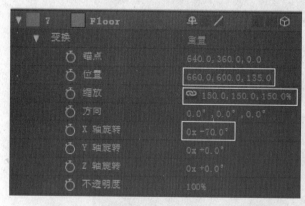

图 8-3-19　设置"Floor"图层变换各属性值

图 8-3-20　设置"位置"属性值

14 选择"图层"→"新建"→"摄像机"命令，打开"摄像机设置"对话框，设置"预设"选项值为"50 毫米"，如图 8-3-21 所示。

15 选择"摄像机 1"图层，展开所有的属性选项，把时间线定位在 0 秒，分别在"目标点"和"位置"属性左边单击码表图标，创建关键帧，如图 8-3-22 所示。

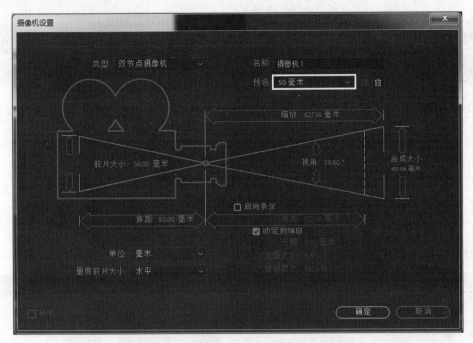

图 8-3-21　新建摄像机

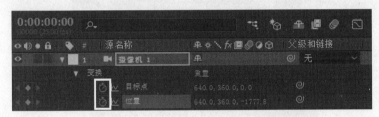

图 8-3-22　在"摄像机 1"图层创建关键帧

16 移动时间线到 1 秒处，设置"目标点"的值为（512,100,580），"位置"的值为（512,100,-320），如图 8-3-23 所示；移动时间线到 2 秒处，设置"目标点"的值为（350,180,-45），"位置"的值（530,100,-1000），如图 8-3-24 所示；移动时间线到 3 秒处，设置"目标点"的值为（300,180,600），"位置"的值为（-70,200,-800），如图 8-3-25 所示；移动时间线到 4 秒处，设置"目标点"的值为（1000,120,1600），"位置"的值为（288,188,70），如图 8-3-26 所示；移动时间线到 5 秒处，设置"目标点"的值为（300,220,220），"位置"的值为（280,250,-1000），如图 8-3-27 所示。

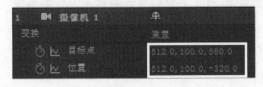

图 8-3-23　设置"摄像机 1"图层第 1 个关键帧

图 8-3-24　设置"摄像机 1"图层第 2 个关键帧

图 8-3-25　设置"摄像机 1"图层第 3 个关键帧　　图 8-3-26　设置"摄像机 1"图层第 4 个关键帧

图 8-3-27　设置"摄像机 1"图层第 5 个关键帧

17 导出并保存文件。最终效果如图 8-3-28 所示。

图 8-3-28　三维相册

知识点拨

1. 在摄像机的设置过程中，我们可以不停地变换角度来观察得到的效果，其中摄像机的视角有如下几种。

① Active Camera：当前摄像机的正面视角。

② Front：摄像机的前视角。在默认情况下，它与活动摄像机的效果是一样的。

③ Top：摄像机的顶视图。

④ Left：摄像机的左视图。

⑤ Right：摄像机的右视图。

⑥ Back：摄像机的后视图。

⑦ Bottom：摄像机的底视图。

2. 在三维动画设计中，3D 图层属性的开关十分重要，其设置直接影响最后的效果。

3. 把摄像机的方向与灯光的方向调整一致后，图像在最后不会出现有阴暗的效果。

拓展训练

1. 利用本任务中的制作方法，制作一个展示学校风景的电子相册。

2. 给电子相册中添加不同的背景图像，并让背景不停地移动，产生行走的相册效果。

立体行走效果

任务四 | 立体行走效果

任务描述

立体行走效果利用灯光的照射、摄像机的运动，产生不同角度的查看视角，使图片投影到固态层上。利用灯光的投影效果可以使摄像机在运动过程中依照图片的角度推拉镜头，产生立体空间的效果。立体行走部分镜头效果如图 8-4-1 所示。

图 8-4-1 立体行走部分镜头效果

任务实现

01 选择"文件"→"导入"→"文件"命令，弹出"导入文件"对话框，选择素材文件"房屋.jpg"图片，单击"导入"按钮，如图 8-4-2 所示。

图 8-4-2　导入素材

02 将"房屋"图片拖到合成面板，新建一个合成。在新建合成上右击，在弹出的快捷菜单中选择"合成设置…"命令，如图 8-4-3 所示。在打开的"合成设置"对话框中的"合成名称"文本框中输入"行走效果"，设置持续时间为 5 秒，如图 8-4-4 所示。

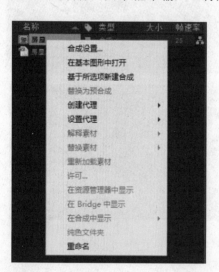

图 8-4-3　在新建合成上右击，弹出快捷菜单

图 8-4-4　"合成设置"对话框

03 按快捷键 Ctrl+Y 新建一个固态层，在"纯色设置"对话框的"名称"文本框中输入"wall"，"颜色"设置为白色，如图 8-4-5 所示。

图 8-4-5 新建固态层 "wall"

04 选中 "wall" 图层，选择 "效果和预设" → "生成" → "网格" 命令，为 "wall" 图层添加网格特效，效果如图 8-4-6 所示。

图 8-4-6 为 "wall" 图层添加网格特效

05 选择 "wall" 图层，按快捷键 Ctrl+D，复制一个新的图层，并将新复制的图层命名为 "floor"，如图 8-4-7 所示。

图 8-4-7　复制一个新图层并命名为"floor"

06 打开"wall"和"floor"两个图层的 3D 图层属性，如图 8-4-8 所示。单击"floor"图层左边的三角形按钮，展开"floor"图层的"变换"属性，如图 8-4-9 所示。设置"方向"值为（90°,0°,0°），"位置"值为（639.5,684,-342），如图 8-4-10 所示。单击"wall"图层左边的三角形按钮，展开"wall"图层的"变换"属性，设置"方向"值为（0°,0°,0°）"位置"值为（639.5,248,0），其他参数如图 8-4-11 所示。

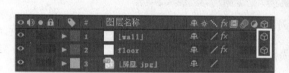

图 8-4-8　打开 3D 图层属性　　　　　图 8-4-9　"floor"图层"变换"属性

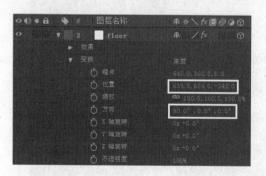

图 8-4-10　设置"floor"图层"方向"和　　　图 8-4-11　设置"wall"图层"方向"和
"位置"属性值　　　　　　　　　　　　　　"位置"属性值

07 选择"图层"→"新建"→"摄像机"命令，弹出"摄像机设置"对话框，设置"预设"选项值为"50 毫米"，如图 8-4-12 所示。

08 选择"图层"→"新建"→"灯光…"命令，弹出"灯光设置"对话框，设置"灯光类型"为"点"，"强度"值为"100%"，"颜色"值为白色（255,255,255），勾选"投影"复选框，如图 8-4-13 所示。

09 选择"摄像机 1"图层，展开"变换"属性，设置"目标点"的值为（658,405.9,178.9），"位置"属性值为（320.3,251,-1558.2），如图 8-4-14 所示。

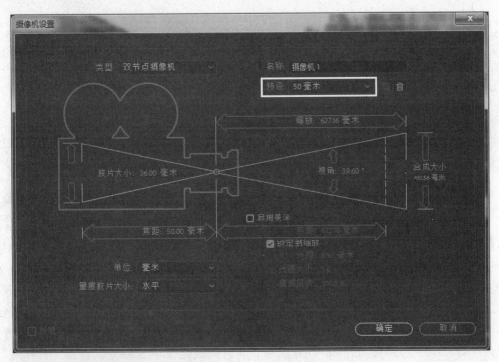

图 8-4-12　新建摄像机

图 8-4-13　灯光设置

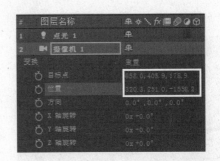

图 8-4-14　设置"摄像机 1"图层"变换"属性

10 选择"房屋"图层，打开图层 3D 图层属性，展开"变换"属性，设置"位置"值为（366.2,268.3,-1367.4），"缩放"值为（12.4,12.4,12.4%），如图 8-4-15 所示。

11 选择"摄像机 1"图层，展开"变换"属性，将时间线定位于 0 秒处，单击"目标点"和"位置"左边的码表图标，创建关键帧，如图 8-4-16 所示。

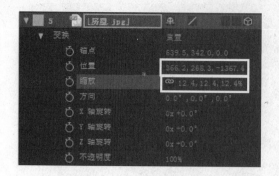

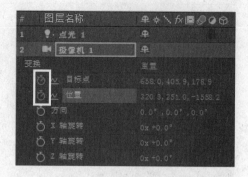

图 8-4-15　设置"房屋"图层 3D 图层属性　　　图 8-4-16　在"摄像机 1"图层创建关键帧
　　　　　　和"变换"属性

12 将时间线定位于 1 秒处，设置"目标点"的值为（640,420,280），"位置"的值为（31,268,-1460），如图 8-4-17 所示；将时间线定位于 2 秒处，设置"目标点"的值为（680,420,300），"位置"的值为（34,265,-1436），如图 8-4-18 所示；将时间线定位于 3 秒处，设置"目标点"的值为（700,420,265），"位置"的值为（360,266,-1473），如图 8-4-19 所示；将时间线定位于 4 秒处，设置"目标点"的值为（730,426,305），"位置"的值为（393,270,-1430），如图 8-4-20 所示；将时间线定位于 5 秒处，设置"目标点"的值为（660,480,195），"位置"的值为（321,252,-1545），如图 8-4-21 所示。

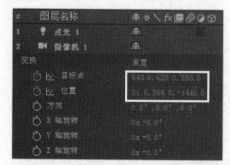

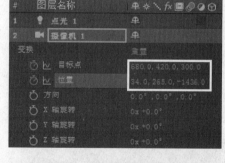

图 8-4-17　设置立体行走效果第 1 个关键帧　　　图 8-4-18　设置立体行走效果第 2 个关键帧

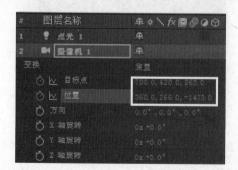

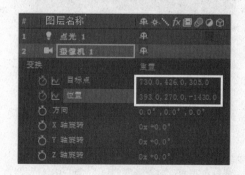

图 8-4-19　设置立体行走效果第 3 个关键帧　　　图 8-4-20　设置立体行走效果第 4 个关键帧

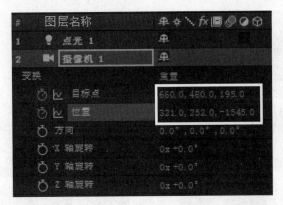

图 8-4-21　设置立体行走效果第 5 个关键帧

13 导出并保存文件。

知识点拨

1. 采用摄像机投影这一特殊效果制作行走的动画，在视觉感观上可以使观众看到好像真正的摄像机移动一样，投影不仅是移动摄像机，而且用摄像机拍摄时因为角度问题产生的倾斜也可以表现出来。

2. 投影需要建立两个不同的投影面：一个是墙面，一个是地面。两个面投影后的效果角度是不一样的。

3. 墙面与地面之间的角度及倾斜应该与图片中的一致，产生的效果才会更逼真。

拓展训练

1. 利用摄像机制作一个动画长廊，要求利用投影的方法完成。

2. 制作月球行走效果。

三维盒子

任务五　三维盒子

任务描述

利用 6 张不同的照片组合成一个完整的立体盒子效果，其中对图层的"锚点"及"位置"两个属性需要特别理解，盒子的关闭与展开效果利用了"父级和链接"属性，摄像机的运动可以使盒子以不同角度与方向呈现。三维盒子部分镜头效果如图 8-5-1 所示。

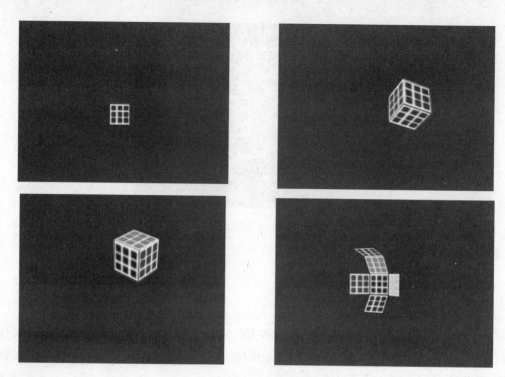

图 8-5-1　三维盒子部分镜头效果

任务实现

01 选择 "文件" → "导入" → "文件" 命令，弹出 "导入文件" 对话框，在相应的目录中选择 1.jpg～6.jpg 图片文件，单击 "导入" 按钮。按快捷键 Ctrl+N，弹出 "合成设置" 对话框，在 "合成设置" 对话框的 "合成名称" 文本框中输入 "三维盒子"，如图 8-5-2 所示。

图 8-5-2　创建新的合成

02 将导入的 6 个图片文件拖到"三维盒子"合成中，按顺序排列图层，打开所有图层的 3D 图层属性，如图 8-5-3 所示。

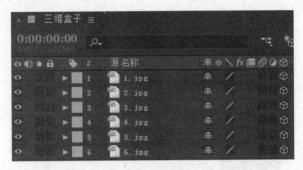

图 8-5-3　对图层排序并打开 3D 图层属性

03 选择"2.jpg"图层，展开"变换"属性，设置"锚点"属性值为（50,25,0），"位置"属性值为（295,240,0），"Y 轴旋转"属性值为 0x-90°，如图 8-5-4 所示。

04 选择"3.jpg"图层，展开"变换"属性，设置"锚点"属性值为（0,25,0），"位置"属性值为（345,240,0），"Y 轴旋转"属性值为 0x+90°，如图 8-5-5 所示。

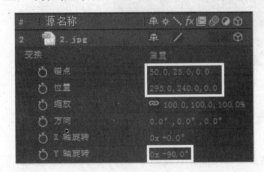

图 8-5-4　设置"2.jpg"图层的"变换"属性　　图 8-5-5　设置"3.jpg"图层的"变换"属性

05 选择"4.jpg"图层，展开"变换"属性，设置"锚点"属性值为（25,0,0），"位置"属性值为（320,265,0），"X 轴旋转"属性值为 0x-90°，如图 8-5-6 所示。

06 选择"5.jpg"图层，展开"变换"属性，设置"锚点"属性值为（25,50,0），"位置"属性值为（320,215,0），"X 轴旋转"属性值为 0x+90°，如图 8-5-7 所示。

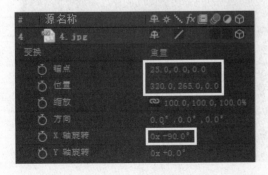
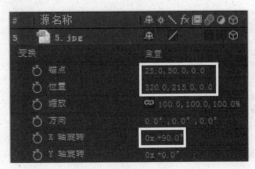

图 8-5-6　设置"4.jpg"图层的"变换"属性　　图 8-5-7　设置"5.jpg"图层的"变换"属性

07 选择"6.jpg"图层,打开图层的"父级和链接"属性开关,如图 8-5-8 所示;然后选择"6.jpg"图层的"父级和链接"属性值为"5.jpg"图层,如图 8-5-9 所示。

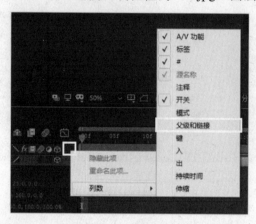

图 8-5-8 打开图层的"父级和链接"属性开关

图 8-5-9 选择图层的"父级和链接"属性值

08 选择"6.jpg"图层,展开"变换"属性,设置"锚点"属性值为 (25,50,0),"位置"属性值为 (25,0,0),"X 轴旋转"属性值为 0x+90°,如图 8-5-10 所示。

09 按快捷键 Ctrl+Y,在打开的"纯色设置"对话框中设置"名称"为"背景",如图 8-5-11 所示。把"背景"图层拖到"6.jpg"图层下面,如图 8-5-12 所示。

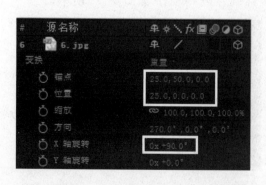

图 8-5-10 设置"6.jpg"图层的"变换"属性

图 8-5-11 "纯色设置"对话框

10 选中"背景"图层，选择"效果和预设"→"生成"→"梯度渐变"特效命令，设置"渐变起点"的值为（320,244），"渐变终点"的值为（642,478），"起始颜色"的值为暗红色（100,0,0），"结束颜色"的值为灰色（50,50,50），"渐变形状"为"径向渐变"，如图 8-5-13 所示。

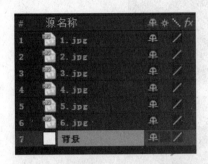
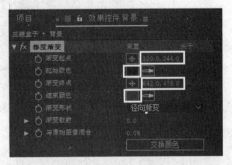

图 8-5-12 调整"背景"图层位置　　　图 8-5-13 设置"背景"图层效果参数

11 选择"图层"→"新建"→"摄像机"命令，弹出"摄像机设置"对话框，设置"预设"值为"50 毫米"，如图 8-5-14 所示。

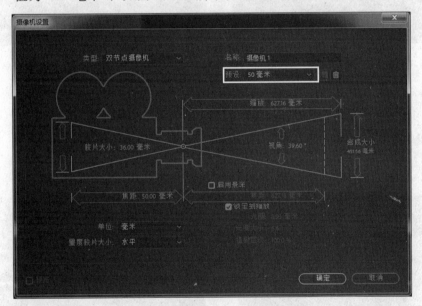

图 8-5-14 "摄像机设置"对话框

12 单击"摄像机 1"图层左边的三角形按钮，展开"变换"属性，将时间线定位于 0 秒处，单击"目标点"和"位置"左边的码表图标，创建关键帧，如图 8-5-15 所示。

13 将时间线定位于 1 秒处，设置"目标点"属性值为（520,-120,410），"位置"的属性值为（95,560,-340），如图 8-5-16 所示。

14 将时间线定位于 2 秒处，设置"目标点"属性值为（1195,575,-195），"位置"的属性值为（-205,50,150），如图 8-5-17 所示。

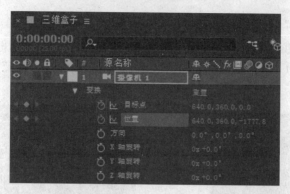

图 8-5-15 设置"摄像机 1"图层的"变换"属性值 1

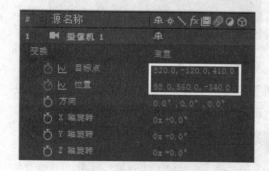

图 8-5-16 设置"摄像机 1"图层的
"变换"属性值 2

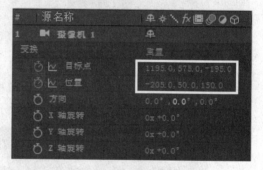

图 8-5-17 设置"摄像机 1"图层的
"变换"属性值 3

15 将时间线定位于 3 秒处，设置"目标点"属性值为（260,575,-440），"位置"的属性值为（300,50,288），如图 8-5-18 所示。

16 将时间线定位于 4 秒处，设置"目标点"属性值为（-195,272,400），"位置"的属性值为（1000,180,-388），如图 8-5-19 所示。

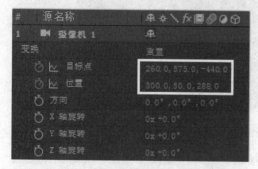

图 8-5-18 设置"摄像机 1"图层的
"变换"属性值 4

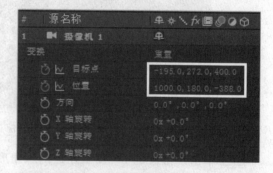

图 8-5-19 设置"摄像机 1"图层的
"变换"属性值 5

17 在时间线 4 秒处，选择"2.jpg"图层，展开"变换"属性，单击"Y 轴旋转"左边的码表图标，创建关键帧；选择"3.jpg"图层，展开"变换"属性，单击"Y 轴旋转"左边的码表图标，创建关键帧；选择"4.jpg"图层，展开"变换"属性，单击"X 轴旋转"左边的码表图标，创建关键帧；选择"5.jpg"图层，展开"变换"属性，单击"X

轴旋转"左边的码表图标，创建关键帧；选择"6.jpg"图层，展开"变换"属性，单击
"X 轴旋转"左边的码表图标，创建关键帧。

18 将时间线定位于 4 秒 24 帧处，设置"目标点"属性值为（340,255,500），"位置"的属性值为（340,244,-825），如图 8-5-20 所示。

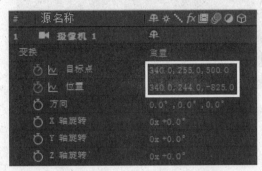

图 8-5-20　设置"摄像机 1"图层的"变换"属性值 6

19 将时间线定位于 4 秒 24 帧处，选择"2.jpg"图层，展开"变换"属性，设置"Y 轴旋转"的值为 0x+0°，如图 8-5-21 所示；选择"3.jpg"图层，展开"变换"属性，设置"Y 轴旋转"的值为 0x+0°，如图 8-5-22 所示；选择"4.jpg"图层，展开"变换"属性，设置"X 轴旋转"的值为 0x+0°，如图 8-5-23 所示；选择"5.jpg"图层，展开"变换"属性，设置"X 轴旋转"的值为 0x+0°，如图 8-5-24 所示；选择"6.jpg"图层，展开"变换"属性，设置"X 轴旋转"的值为 0x+0°，如图 8-5-25 所示。

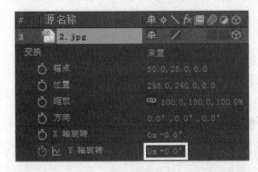

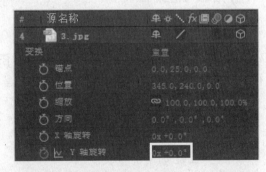

图 8-5-21　设置"2.jpg"图层的"Y 轴旋转"　　图 8-5-22　设置"3.jpg"图层的"Y 轴旋转"

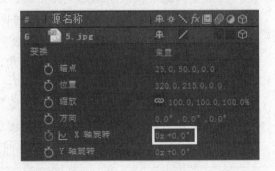

图 8-5-23　设置"4.jpg"图层的"X 轴旋转"　　图 8-5-24　设置"5.jpg"图层的"X 轴旋转"

图 8-5-25 设置 "6.jpg" 图层的 "X 轴旋转"

20 导出并保存动画文件。

□ 知识点拨

1. 在本任务中，设置 "6.jpg" 图层的 "父级和链接" 属性，必须在 "5.jpg" 图层的 "位置" 属性设置之前，当设置了 "父级和链接" 属性之后，"5.jpg" 图层的所有位置改变会直接影响 "6.jpg" 图层的位置。

2. 在进行 "X 轴旋转" 和 "Y 轴旋转" 设置时，盒子的旋转角度默认都是 90°，最后展开时，只要将所有的旋转角度改为 0° 即可。

□ 拓展训练

1. 利用本任务中所学知识，制作一个 360° 旋转的人物水晶球正方体。

2. 制作××化妆品广告。要求：利用本任务的知识构建化妆品的包装盒，全方位 360° 视角展示化妆盒，展示完成后盒子打开，呈现化妆品瓶。

■知识链接 三维空间及灯光、摄像机图层的建立

1. 三维空间的意义

三维空间就是我们所说的立体空间，是由 X、Y、Z 3 个轴（横坐标、纵坐标、垂直坐标）组成的空间。这个空间与我们平常用眼睛所看到的空间是一致的，在视频制作中我们需要利用物体的这种属性使其运动具有空间性。如图 8-5-26 所示，三维坐标中 X、Y、Z 3 个轴分别呈 90° 夹角，这就是我们通常说的三维坐标系。在三维空间中物体的运动位置不仅表现在左右、上下的平面运动，而且可以根据需要制作的三维空间状态，将素材进行位移、旋转，设置三维透视角度。应用灯光、摄像机效果，设置阴影。虽然在 AE 中三维图层中的素材是以平面方式出现的，但利用 3D 图层属性和三维特效可以制作三维空间效果。

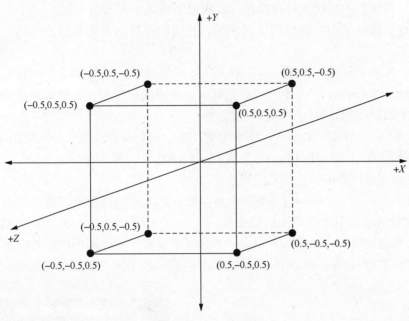

图 8-5-26 三维坐标

对素材操作中最基本的三维特效是"基本 3D",建立一个虚拟的三维空间,在三维空间中对对象进行操作,使画面在三维空间中水平或垂直移动,也可以拉远或推近。参数设置如图 8-5-27 所示。

① 动画预设(Animation Presets):预设动画效果。

② 旋转(Swivel):控制水平方向旋转。

③ 倾斜(Tilt):控制垂直方向旋转。

④ 与图像的距离(Distance to Image):图像纵深距离。

⑤ 镜面高度(Specular Highlight):添加一束光线反射旋转层表面。

⑥ 预览(Preview):选择"绘制预览线框"(Draw Preview Wireframe)用于在预览的时候只显示线框。这样可以节约资源,提高响应速度。这种方式仅在草稿质量时有效,最好质量时这个设置无效。

2.建立灯光、摄像机

灯光的创建方法和图层的创建非常类似,有如下两种创建方法。

方法一:选择"图层"→"新建"→"灯光"命令,弹出"灯光设置"对话框。

方法二:按快捷键 Ctrl+Alt+Shift+L,弹出"灯光设置"对话框,如图 8-5-28 所示。

① 名称(Name):设定灯光层的名称。

② 灯光类型(Light Type):其可选值有平行(Parallel)、聚光(Spot)、点(Point)、环境(Ambient)4 个选项。

平行:平行光类似于太阳光,可以照亮场景中的所有物体,光照的强度没有衰减且具有方向性。

聚光：圆锥形的照射光线范围，可以根据需要调整光照的角度。

点：点光源从一个点向四周发射光线，光线的强度随着距离的不同而不同，能够产生阴影。

环境：没有发射性，无方向性，不会产生任何阴影，可以照亮整个场景。

③ 强度（Intensity）：光照强度，值越大，光照的强度越高，设置成负值时可以产生吸收光线的作用，可用于调整亮度。

④ 锥形角度（Cone Angle）：圆锥角度设置，只有设置为聚光灯时此选项可用。

⑤ 锥形羽化（Cone Feather）：设置灯罩的羽化，与锥形角度配合使用。

⑥ 灯光颜色（Color）：灯光的颜色。

⑦ 投影（Casts Shadows）：是否投射阴影，此属性需要配合三维图层中材质的"投影"选项同时使用才能产生阴影投射。

⑧ 阴影深度（Shadow Darkness）：阴影深度设置，可以调节阴影的明亮度。

⑨ 阴影扩散（Shadow Diffusion）：阴影扩散，用于设置阴影边缘的羽化程度。

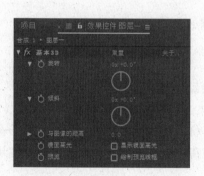

图 8-5-27　三维特效"基本 3D"

图 8-5-28　"灯光设置"对话框

摄像机图层的创建方法有如下两种。

方法一：选择"图层"→"新建"→"摄像机"命令，弹出"摄像机设置"对话框。

方法二：按快捷键 Ctrl+Alt+Shift+C，弹出"摄像机设置"对话框，如图 8-5-29 所示。

① 名称（Name）：摄像机图层的名称。

② 预设（Preset）：摄像机预置。在"预设"下拉菜单中提供了 9 种常见的摄像机镜头，包括标准的 35 毫米镜头、15 毫米广角镜头、200 毫米长焦镜头及自定义镜头等。35 毫米标准镜头的视角类似于人眼；15 毫米广角镜头有极大的视野范围，类似于鹰眼观察空间，由于视野范围极大，看到的空间很广阔，但会产生空间透视变

形；200 毫米长镜头可以将远处的对象拉近，视野范围也随之减少，只能观察到较小的空间，但几乎没有变形的情况出现。

③ 单位（Units）：通过此下拉框选择参数单位，包括像素（Pixel）、英寸（Inches）、毫米（Millineters）3 个选项。

④ 量度胶片大小（Measure Film Size）：可改变胶片尺寸（Film Size）的基准方向，包括水平（Horizontally）方向、垂直（Vertically）方向和对角线（Diagonally）方向 3 个选项。

⑤ 缩放（Zoom）：设置摄像机到图像之间的距离。缩放的值越大，通过摄像机显示的图层大小就越大，视野范围也就越小。

⑥ 视角（Angle of View）：视角位置。角度越大，视野越宽；角度越小，视角越窄。

⑦ 胶片大小（Film Size）：胶片尺寸。它是指通过镜头看到的图像实际的大小。值越大，视野越大；值越小，视野越小。

⑧ 焦距（Focal Length）：焦距设置。它是指胶片与镜头距离。焦距短，则产生广角效果；焦距长，则产生长焦效果。

⑨ 启用景深（Enable Depth of Field）：是否启用景深功能。配合焦点距离（Focus Distance）、光圈（Aperture）、光圈大小（F-Stop）和模糊程度（Blur Level）参数来使用。

⑩ 焦点距离（Focus Distance）：确定从摄像机开始，到图像最清晰位置的距离。

⑪ 光圈（Aperture）：在 AE 中光圈与曝光没关系，仅影响景深，值越大，前后图像清晰范围就越小。

⑫ 光圈大小（F-Stop）：与光圈相互影响控制景深。

⑬ 模糊层次（Blur Level）：控制景深模糊程度，值越大越模糊。

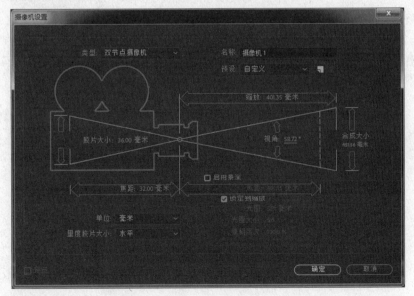

图 8-5-29 "摄像机设置"对话框

▌单元小结

本单元主要学习 3D 图层、摄像机、灯光效果等操作。通过本单元的学习，学生可以掌握立体文字、三维飞行、镜头穿梭等三维效果制作方法，这些内容也是制作影视作品的难点。

单元练习

一、判断题

1. 在 AE 的"摄像机"设置面板中，Focus Distance 决定"镜头的焦点位置"。
（　　）
2. 每个图片或者视频都有 X、Y、Z 轴的坐标，也带有三维功能。　（　　）
3. 图层本身的三维参数控制是设置图层在空间中的绝对位置，而摄像机是在这个基础上模拟人的视觉中心而做出的相对位置运动。　（　　）
4. 摄像机的作用是代替我们的视角，制作相应的视频效果。　（　　）
5. 摄像机的存在并不是为了控制物体，而是控制你的视角。　（　　）

二、操作题

1. 制作三维炫彩世界，要求：
利用素材制作一个四方长廊，图片的排列顺序可以任意，利用灯光和摄像机制作在长廊中行走的效果。
2. 制作一个小球在立体空间调动的效果。
1）如果需要用到素材，请使用 Photoshop 绘制。
2）立体小球运行效果自定，合理即可。

单元九　表达式在视频中的应用

> 了解表达式
> 掌握表达式的使用与应用

AE 提供了基于 JavaScript 的表达式工具和函数，使许多平时难以想象的效果得以实现，表达式是制作高级特效的难点和重点。与设置烦琐关键帧相比，表达式可以制作关键帧所达不到的效果。本单元介绍如何添加表达式及如何使用表达式快速地制作需要的视频效果。

本单元主要介绍如何编写简单表达式制作特效。当选择了素材特效属性后，为其添加 AE 提供的表达式函数制作特殊动画效果。例如，给"位置"属性添加表达式，添加表达式如图 9-0-1（a）所示。属性被激活后可以在属性条中直接输入表达式覆盖原有表达式文字。添加完表达式后，属性条自动增加 ▤（表达式开关）按钮、▧（表达式图表）按钮、◎（表达式关联）按钮、▶（选择已有函数）按钮。当单击 ▶ 按钮后，会弹出如图 9-0-1（b）所示的选择菜单。

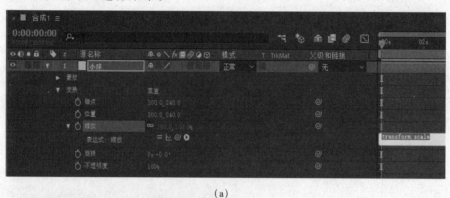

(a)

(b)

图 9-0-1　表达式

制作闪烁星星

任务一 制作闪烁星星
——不透明度属性值随机变化

■ 任务描述

    本任务要求通过编写简单表达式来制作特效,利用表达式制作星星在夜空中闪烁的效果,在项目中绘制好星星图层,为其不透明度属性添加表达式,设置它的不透明度值为 random() 函数产生的随机数。最终把影片导出为 AVI 格式的影片。星星闪烁部分镜头效果如图 9-1-1 所示。

图 9-1-1 星星闪烁部分镜头效果

□ 任务实现

    01 启动 AE。

    02 新建一个项目文件。选择"文件"→"新建"→"新建项目"命令,在新的项目文件中制作视频。

    03 导入图片素材"夜晚.jpg"。选择"文件"→"导入"→"文件"命令,拖动鼠标选中需要导入的素材,把需要用到的素材导入项目文件中,如图 9-1-2 所示。

图 9-1-2 导入素材

04 在项目文件中查看素材文件。在图 9-1-2 中单击"导入"按钮后，则把素材"夜晚.jpg"导入"项目"面板上，如图 9-1-3 所示。

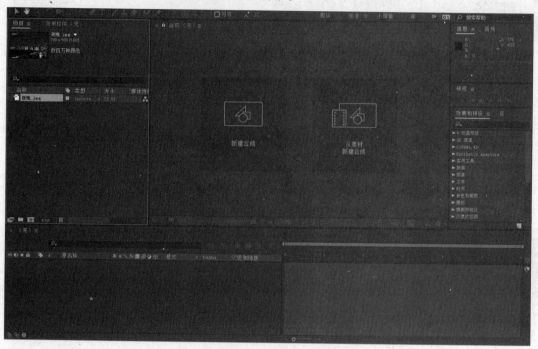

图 9-1-3　将素材导入"项目"面板

05 新建一个合成。在"项目"面板下方单击"新建合成"按钮，新建一个合成；或者选择"合成"→"新建合成"命令，在弹出的"合成设置"对话框中设置"合成名称"为"合成 1"，合成视频画面宽度为 600 像素（px）、高度为 480 像素（px），持续时间为 15 秒，如图 9-1-4 所示。

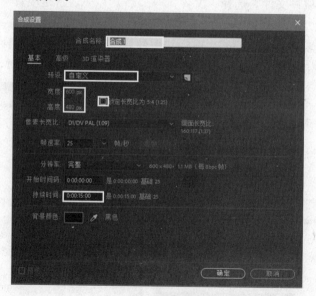

图 9-1-4　新建合成

06 在"合成"窗口中绘制一个五角星。选择"图层"→"新建"→"纯色"命令，设置纯色层名称为"星星"，设置颜色为白色；然后使用工具栏工具★拖动一个星形出来，如图 9-1-5 所示。

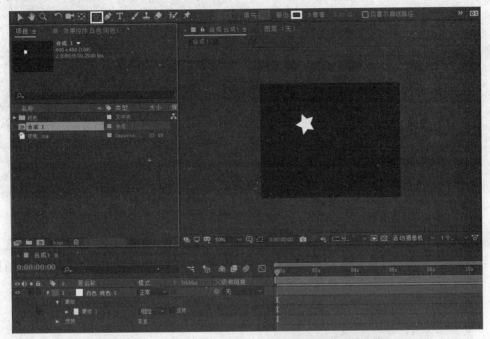

图 9-1-5 在"合成"窗口中绘制一个星形图案

07 把素材"夜晚.jpg"从"项目"面板拖到"合成"窗口中作为背景使用，如图 9-1-6 所示。

图 9-1-6 设置背景层

08 单击合成面板左下方的 图标按钮（展开或折叠"转换控制"窗格）展开合成的图层面板，如图 9-1-7 所示。

图 9-1-7　展开合成的图层面板

09 选中"星星"的"不透明度"属性，选择"动画"→"添加表达式"命令，在属性条上单击 按钮，然后在弹出的菜单中选择"Random Numbers"→"random()"随机函数；完成后在属性条上自动添加随机函数 random()，如图 9-1-8 所示。

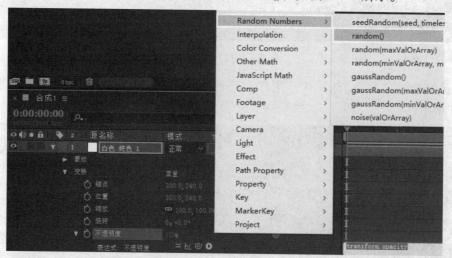

图 9-1-8　随机函数

10 在属性条上修改代码。把代码修改为"temp=random()*50;[temp]"，那么"星星"的不透明度属性值就由表达式 random()*50 确定，如图 9-1-9 所示。

> **小贴士**
> 在 AE 中集成了很多函数，不必专门去记忆，需要时通过菜单进行选择即可。

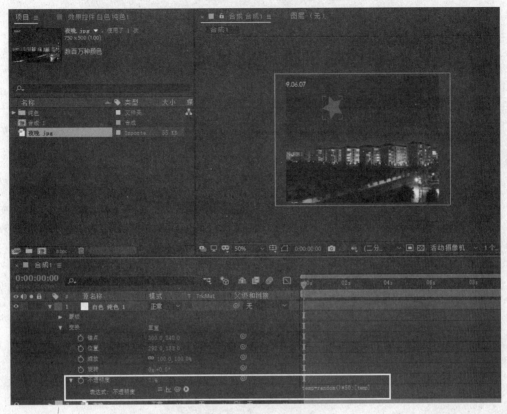

图 9-1-9　修改表达式

11 按小键盘上的数字键 "0"，即可预览关键帧动画的效果。

12 渲染导出合成影片。

13 选择 "文件"→"保存" 命令，即可保存视频工程源文件。

14 文件打包。选择 "文件"→"整理工程（文件）"→"收集文件" 命令即可。

📖 知识点拨

1. 添加表达式。选中属性后，选择 "动画"→"添加表达式" 命令即可。

2. 使用已有函数。在属性条上单击 ▶ 按钮，在弹出的菜单中选择需要的函数即可。

📖 拓展训练

参照教材资源包中的效果 T91A，利用提供的素材制作闪烁的背景效果。

任务二 制作随机跳动的足球
——位置属性值随机变动

制作随机跳动的足球

■ 任务描述

利用表达式制作足球在屏幕上随机跳动的效果，为足球的"位置"属性添加表达式，设置它的位置坐标[X，Y]值由 random()函数产生。最终把影片导出为 AVI 格式的影片。随机跳动的足球部分镜头效果如图 9-2-1 所示。

图 9-2-1 随机跳动的足球部分镜头效果

□ 任务实现

01 启动 AE。

02 新建一个项目文件。选择"文件"→"新建"→"新建项目"命令，在新的项目文件中制作视频。

03 导入图片素材"足球.psd"。选择"文件"→"导入"→"文件"命令，选中需要导入的素材，把需要用到的素材导入项目文件中，如图 9-2-2 所示。

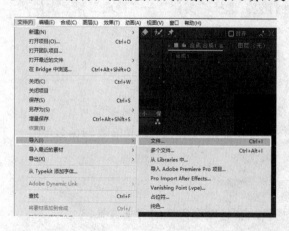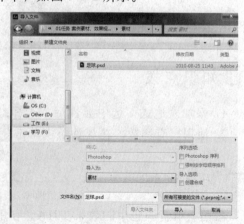

图 9-2-2 导入素材

04 在项目文件中查看素材文件。在图 9-2-2 中单击"导入"按钮后，则把素材"足球.psd"导入"项目"面板上，如图 9-2-3 所示。

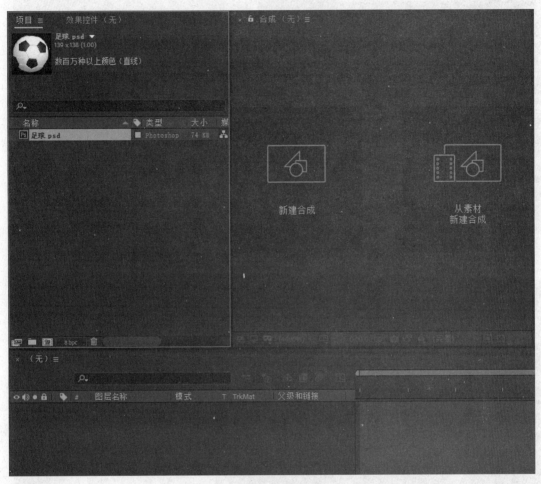

图 9-2-3　将素材导入"项目"面板

05 新建一个合成。在"项目"面板下方单击"新建合成"按钮，新建一个合成；或者选择"合成"→"新建合成"命令，在弹出的"合成设置"对话框中设置"合成名称"为"合成"，合成视频画面宽度为 500 像素（px）、高度为 360 像素（px），持续时间为 15 秒，如图 9-2-4 所示。

06 新建一个背景图层。选择"图层"→"新建"→"纯色"命令，在弹出的"纯色设置"对话框中设置固态层名称为"背景"，设置颜色为浅蓝色，如图 9-2-5 所示。

07 把素材"足球.psd"从"项目"面板中拖到"合成"窗口中，调整图层顺序，并使用工具栏工具对足球大小进行调整，如图 9-2-6 所示。

08 单击合成面板左下方的图标按钮，展开合成的图层面板，如图 9-2-7 所示。

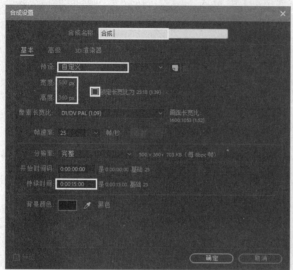

图 9-2-4　新建合成　　　　　　　　　图 9-2-5　新建背景层

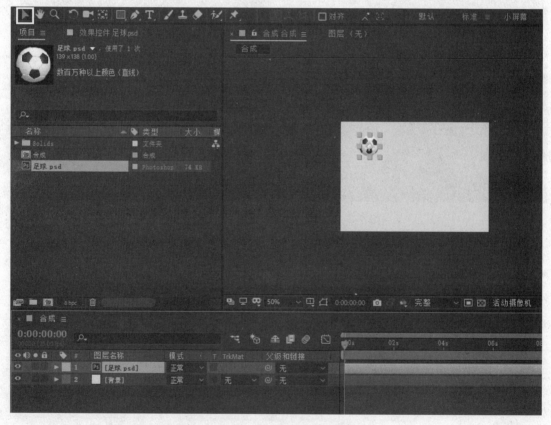

图 9-2-6　在"合成"面板中调整素材的位置和大小

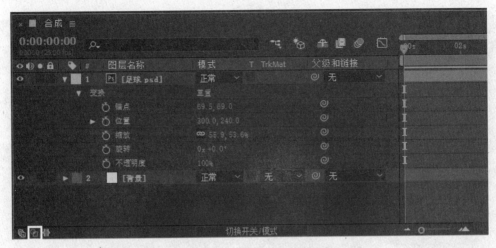

图 9-2-7　展开合成的图层面板

09 选中图层"足球.psd"的"位置"属性，选择"动画"→"添加表达式"命令，在属性条上单击 ▶ 按钮会弹出菜单，然后在弹出的菜单中选择"Random Numbers"→"random()"随机函数。完成后，在属性条上自动添加了随机函数 random()，如图 9-2-8 所示。

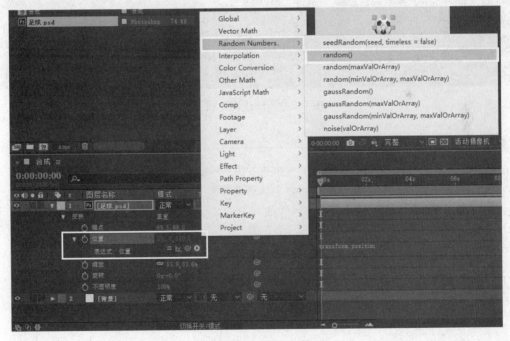

图 9-2-8　随机函数

10 在属性条上修改代码。把代码修改为"temp1=50+random()*400,temp2=50+random()*250;[temp1,temp2]"，那么图层"足球.psd"的"位置"属性值[X,Y]坐标值就由[temp1,temp2]确定，这里有两个参数，如图 9-2-9 所示。

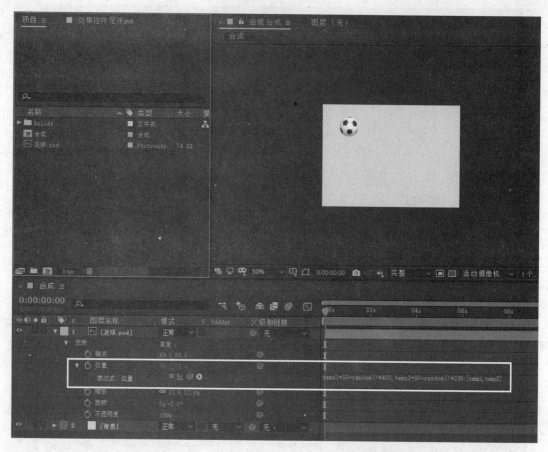

图 9-2-9　修改表达式

小贴士

对于表达式 "temp1=50+random()*400，temp2=50+random()*250;[temp1,temp2]"，其中随机函数 random() 会产生 0～1 之间的数，临时变量 temp1 改变 X 坐标值，临时变量 temp2 改变 Y 坐标值，[temp1, temp2]这两个参数赋值给"位置"属性[X,Y]坐标值。

11 按小键盘上的数字键 "0"，即可预览关键帧动画效果。

12 渲染导出合成影片。

13 选择"文件"→"保存"命令，即可保存视频工程源文件。

14 文件打包。选择"文件"→"整理工程（文件）"→"收集文件"命令即可。

知识点拨

1. 添加表达式。选中属性后，选择"动画"→"添加表达式"命令即可。

2. 给带两个参数的属性编写表达式时，赋值格式形如[temp1,temp2]，两个参数值之间用 "," 符号隔开。

拓展训练

参照教材资源包中的效果 T92A，利用提供素材制作跳动老鼠的效果。

任务三 制作视频启动进度条
——进度条与显示的数字关联

制作视频启动进度条

任务描述

　　本任务是让特效的属性值通过表达式实现关联，即通过表达式实现特效属性值关联。在 AE 中给特效添加表达式后，在属性条上单击 ⊙ 按钮，即可与另一个属性值进行关联。

　　本任务要求利用表达式制作出星星在夜空一闪一闪的效果，在项目中绘制好星星图层，给其不透明度属性添加表达式，设置不透明度值由 random() 函数产生。最终把影片导出为 AVI 格式的影片。启动进度条的部分镜头如图 9-3-1 所示。

图 9-3-1　启动进度条的部分镜头

任务实现

01 启动 AE。

02 新建一个项目文件。选择"文件"→"新建"→"新建项目"命令，在新的项目文件中编辑、制作视频。

03 新建一个合成。在"项目"面板下方单击"新建合成"按钮，新建一个合成；或者选择"合成"→"新建合成"命令，在弹出的"合成设置"对话框中设置"合成名称"为"合成"，合成视频画面宽度为 600 像素（px）、高度为 480 像素（px），持续时间为 15 秒，如图 9-3-2 所示。

04 新建一个黑色背景层。选择"图层"→"新建"→"纯色"命令，设置固态层名称为"背景"，设置颜色为黑色，如图 9-3-3 所示。

05 创建一条绿色"进度条"。选择"图层"→"新建"→"纯色"命令，在弹出的"纯色设置"面板中设置"名称"为"进度条"、颜色为绿色；接着使用工具栏中长方

形工具 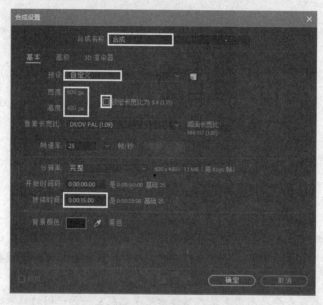 拖出一个长方形进度条；再使用工具栏中的 工具，把"进度条"图层的轴心（中心）移到进度条最左端，如图 9-3-4 所示。

图 9-3-2　新建合成

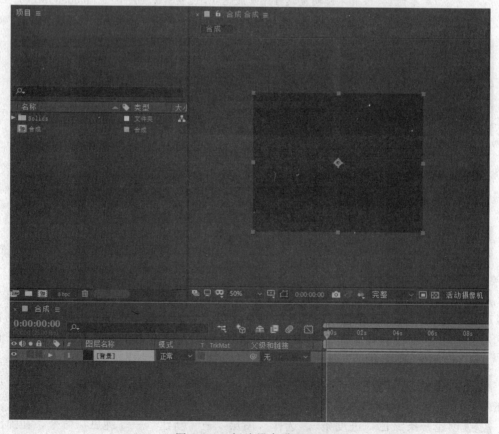

图 9-3-3　新建黑色背景层

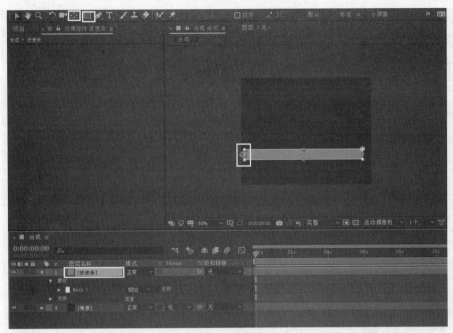

图 9-3-4　绘制进度条

06 输入文字"Loading ......"。选中"背景"图层，选择"效果"→"过时"→"基本文字"命令，输入文字"Loading ......"，设置该特效属性填充颜色为白色；然后使用工具栏中的▶工具，将"合成"窗口中的文字移到适当位置，如图 9-3-5 所示。

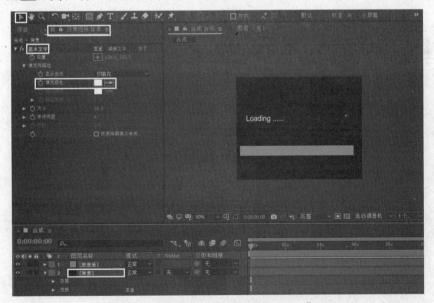

图 9-3-5　输入文字"Loading ......"

07 为"背景"图层添加编号特效。选中"背景"图层，选择"效果"→"文本"→"编号"命令添加特效；然后设置该特效属性值"填充颜色"为白色，"小数位数"为 0，将"在原始图像上合成"设置为"开"；在"合成"窗口上单击特效编号后，再使用工具栏中的▶工具在"合成"窗口中选中数字，对数字的位置进行适当调整，如图 9-3-6 所示。

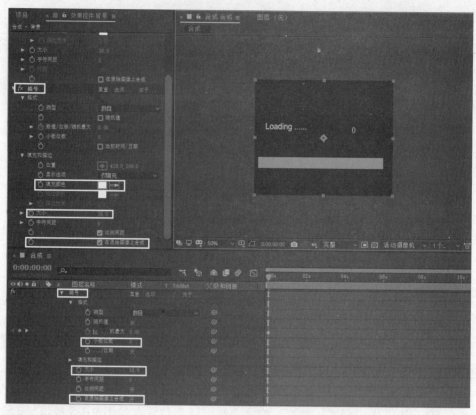

图 9-3-6　添加特效编号

08 在特效"编号"图层的开始与结束两处分别添加关键帧，并分别设置它们的值为 0 与 100，如图 9-3-7 所示。

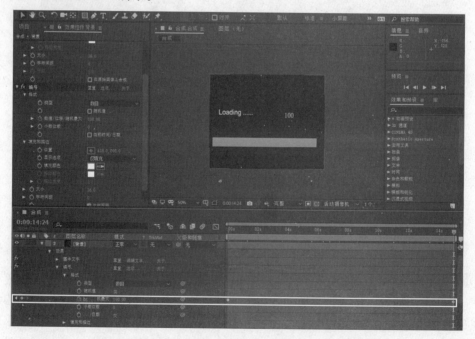

图 9-3-7　在"编号"图层添加开始与结束关键帧

09 通过表达式设置属性值关联。选中图层"进度条"，单击三角形按钮展开其特效"变换\缩放"；接着选择"动画"→"添加表达式"命令，在属性条上单击  按钮并按住鼠标不放，将其拖到图层"背景"的"效果\编号\位移"上，实现图层"进度条"的缩放值与"背景"图层编号的位移值建立关联；接着把代码修改为"temp = thisComp.layer("背景").effect("编号")("数值/位移/随机最大");[temp,50]"，如图 9-3-8 所示。

图 9-3-8　通过表达式设置属性值关联

10 输入百分号"%"，如图 9-3-9 所示。

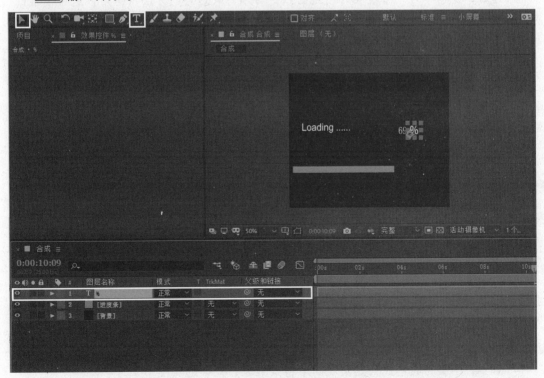

图 9-3-9　输入百分号"%"

11 按小键盘上的数字键"0"，即可预览关键帧动画效果。

12 渲染导出合成影片。

13 选择"文件"→"保存"命令，保存视频工程源文件。

14 文件打包。选择"文件"→"整理工程（文件）"→"收集文件"命令即可。

知识点拨

1. 添加表达式。选中属性后选择"动画"→"添加表达式"命令。

2. 当建立特效的属性值关联时，在属性条上单击 ⊙（表达式关联）按钮。

拓展训练

1. 参照教材资源包中的效果 T93A，制作一个从 100 到 1 的倒计时效果。

2. 参照教材资源包中的效果 T93B，制作一个从 10 到 1 的倒数的进度条效果。

3. 参照教材资源包中的效果 T93C，制作一个音乐音量图示。

单元小结

通过本单元的学习，掌握在时间线面板进行编写表达式的方法，当用户选中图层的某一属性后即可为其添加表达式。当需要添加一个层的属性表达式到时间线面板时，会先有一个默认的表达式出现在属性条的表达式编辑区域中，用户可以根据需要在属性条的表达式编辑区域输入新的表达式，或者修改表达式的式子或值即可。

在编写表达式时，应注意在一段或者一行程序后加上分号"；"，一条语句与另一条语句之间使用逗号"，"隔开；也需要注意属性参数个数，属性的参数值之间使用逗号"，"隔开。

单元练习

一、判断题

1. 在 AE 中添加表达式时首先需选择"动画"→"添加表达式"命令。（　　）

2. 不管特效属性值的参数个数，通过表达式最后给属性赋值的参数写法格式都一样。（　　）

3. 当编写完应用表达式后，在属性条出现 ⚠＝ 图标表示表达式出错了，应检查表达式代码。（　　）

4. 在 AE 中编写表达式只能实现简单特效效果，复杂的实现不了。

（　　）

二、填空题

1. 在特效属性上添加表达式后,在属性条上会有 ◎ 图标,它是_____按钮; ▶ 图标是_____按钮。

2. 给特效属性添加表达式的快捷键是_____。

3. 在给某图层位置属性添加表达式时,只编写了部分代码,请在空格处补充完整,代码为 "M=random()*600,N=random()*480;[_____]";那么该图层的位置坐标值 [X,Y]就由[_____]决定。

三、操作题

利用教材资源包提供的素材制作一个音乐音量示波器,把影片导出并保存为 K01.mov 文件。

10

单元十　视频的跟踪与稳定

技能目标

➢　了解跟踪与稳定的原理

➢　掌握跟踪与稳定的使用与应用

图 10-0-1　跟踪与稳定面板

跟踪与稳定是影视特效后期处理工作中的常见任务。AE 提供了多种跟踪与稳定的算法。使用跟踪工具可以替换画面中的瑕疵，完成漂亮的跟随动画是影视后期制作的基本技能。稳定工具能够解决在拍摄过程中造成的摄像机抖动问题，是挽救报废素材的重要技能。

本单元主要学习使用跟踪与稳定处理素材。激活 AE 中的跟踪与稳定面板，然后选择需要处理的素材，单击"稳定运动"按钮，进入素材处理界面，根据素材需求进行判断，选中跟踪的属性 ☑位置 □旋转 □缩放；如图 10-0-1 所示，单击"下一帧"按钮 ▶，开始处理素材；单击"应用"按钮，把跟踪后得到的数据返回到素材中，就能得到稳定且不抖动的拍摄视频。

任务一　制作头部跟随动画

制作头部跟随动画

▌任务描述

利用跟踪与稳定工具计算人物头部在画面中的移动信息，把移动信息应用到空图层中。制作字幕或者图片表情，绑定到带有跟踪信息的空图层中，就能制作头部跟随动画。最终把影片导出为 MOV 格式的影片。头部跟随动画部分镜头如图 10-1-1 所示。

图 10-1-1　头部跟随动画部分镜头

▛ 任务实现

01 启动 AE。

02 新建一个项目文件。选择"文件"→"新建"→"新建项目"命令，在新的项目文件中编辑、制作视频。

03 导入素材。选择"文件"→"导入"→"导入文件"命令，选中需要导入的素材，把需要用到的素材导入项目文件中，如图 9-1-2 所示。

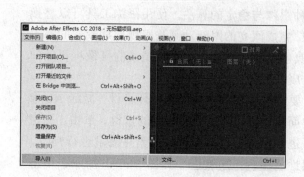 

图 10-1-2　导入素材

04 在项目文件中查看素材文件。在图 10-1-2 中单击"导入"按钮后，则把素材导入"项目"面板上，如图 10-1-3 所示。

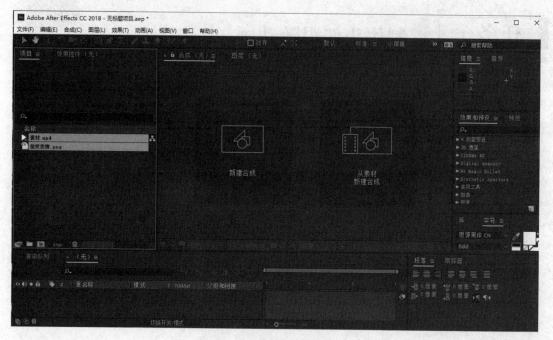

图 10-1-3　将素材导入"项目"面板

05 新建一个合成。在"项目"面板下方单击"新建合成"按钮，新建一个合成；或者选择"合成"→"新建合成"命令，在弹出的"合成设置"对话框中设置"合成名称"为"合成 1"，合成视频画面宽度为 1920 像素（px）、高度为 1080 像素（px），持续时间为 10 秒，如图 10-1-4 所示。

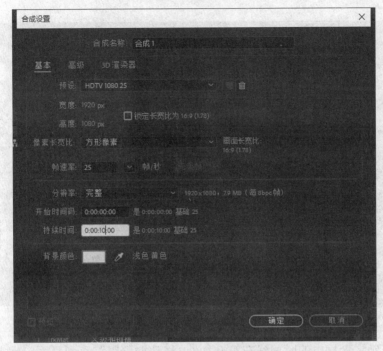

图 10-1-4　设置新建合成参数

06 把"素材.mp4"拖到合成面板中。在面板中激活跟踪器面板，选择"窗口"→"跟踪器"命令，如图 10-1-5 所示。

图 10-1-5　把素材放到合成面板

07 在"合成 1"面板中选中图层"素材.mp4"，然后单击"跟踪器"面板的"跟踪运动"按钮。切换到图层"素材.mp4"窗口，在画面正中间会出现一个跟踪点，如图 10-1-6 所示。

图 10-1-6　激活跟踪

08 检查确定素材中的时间线在第 0 秒处，移动调整跟踪点到画面中指定人物 logo 位置，通过跟踪头部产生数据，如图 10-1-7 所示。

图 10-1-7　移动找到跟踪的参考点

09 单击跟踪器中的向前跟踪 ▶ 按钮，开始分析数据。注意：当时间线面板中的时间线走到第 10 秒时停止跟踪，即可得到第 0～10 秒的跟踪数据，如图 10-1-8 所示。

> **小贴士**
>
> 在跟踪的过程中，如果出现计算错误，则可以跳到错误的帧的位置，然后一帧一帧往后重新计算。

图 10-1-8　计算出跟踪数据

10 在"合成 1"面板中新建一个空对象，把空对象的名称改成"跟踪信息"，如图 10-1-9 所示。

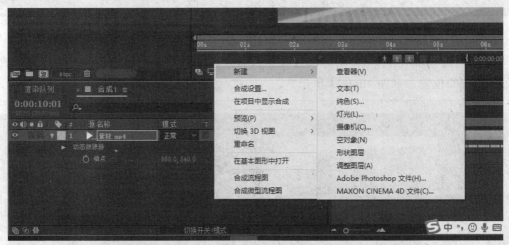

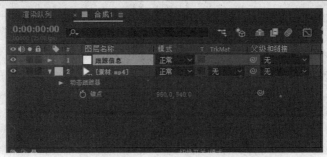

图 10-1-9　新建空对象

11 双击"合成 1"面板中的图层"素材.mp4",单击"跟踪器"面板中的"编辑目标"按钮。把刚才跟踪出来的信息应用给跟踪信息的空对象,单击"确定"按钮,单击"跟踪器"面板中的"应用"按钮,应用于 X 和 Y,再次单击"确定"按钮,如图 10-1-10 所示。

图 10-1-10　将运动应用于跟踪信息空对象

12 检查确定"合成 1"的时间线在第 0 秒处,添加文字图层和表情图层,移动到画面中相应的位置,如图 10-1-11 所示。

图 10-1-11　把文字和表情放到指定位置

13 把表情图层和文字图层中父级和链接改成"跟踪信息"图层,如图 10-1-12 所示。

图 10-1-12 图层的父级和链接

14 播放影片检查跟踪效果，渲染导出合成影片。

15 选择"文件"→"保存"命令，即可保存视频工程源文件。

16 文件打包。选择"文件"→"整理工程（文件）"→"收集文件"命令即可。

知识点拨

本任务掌握利用跟踪器制作视频镜头的跟踪效果。

拓展训练

参照本任务操作方法以及教材资源包中的样片"T10.1 跟随动画效果视频.mp4"，利用跟踪器制作相应的视频效果。

任务二 替换动态计算机屏幕
——使用多点跟踪技术

替换动态计算机屏幕

任务描述

利用多点跟踪技术跟踪画面中计算机屏幕的 4 个角的位置信息，再把这些信息应用到需要替换的视频素材合成中，就可以实现动态计算机屏幕中的影片替换效果。最终把影片导出为 MOV 格式的影片。替换动态计算机屏幕部分镜头如图 10-2-1 所示。

图 10-2-1 替换动态计算机屏幕部分镜头

⎡⎤ 任务实现

01 启动 AE。

02 新建一个项目文件。选择"文件"→"新建"→"新建项目"命令，在新的项目文件中编辑、制作视频。

03 导入素材。选择"文件"→"导入"→"文件"命令，在"导入文件"对话框中选中需要导入的素材，将素材导入项目文件中，如图 10-2-2 所示。

04 在项目文件中查看素材文件。在图 10-2-2 中单击"导入"按钮后，把素材导入"项目"面板上，如图 10-2-3 所示。

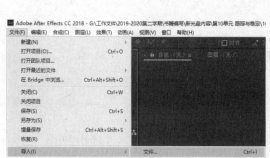

图 10-2-2　导入素材

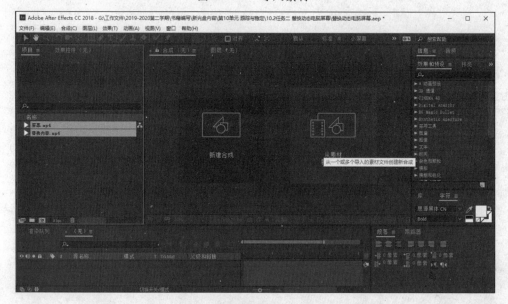

图 10-2-3　将素材导入"项目"面板

05 新建一个合成。在"项目"面板下方单击"新建合成"按钮，新建一个合成；或者选择"合成"→"新建合成"命令，在弹出的"合成设置"对话框中设置"合成名称"为"合成 1"，合成视频画面的宽度为 1280 像素（px）、高度为 720 像素（px），持续时间为 10 秒，如图 10-2-4 所示。

图 10-2-4　新建合成

06 把素材"屏幕.mp4"拖到"合成 1"面板中。在窗口中激活"跟踪器"面板（选择"窗口"→"跟踪器"命令），如图 10-2-5 所示。

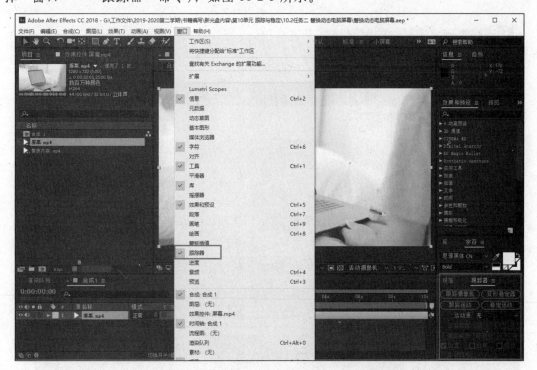

图 10-2-5　选择"窗口"→"跟踪器"命令

07 在"合成 1"面板中选中"屏幕.mp4"图层，然后单击"跟踪器"面板中的"跟踪运动"按钮。切换到"合成"窗口，画面中间会出现一个跟踪点，跟踪类型切换为"透视边角定位"，如图 10-2-6 所示。

图 10-2-6 切换跟踪类型

08 检查确定素材中的时间线位于第 0 秒处，把计算机生成的 4 个跟踪点分别移到屏幕中的 4 个角上，如图 10-2-7 所示。

图 10-2-7 移动找到跟踪的参考点

09 单击"跟踪器"面板的"向前跟踪"按钮，开始分析数据。注意：当时间线面板中的时间线走到第 10 秒时停止跟踪（单击"停止跟踪"按钮■），即可得到第 0～10 秒的跟踪数据，如图 10-2-8 所示。

图 10-2-8　计算出跟踪数据

10 把素材"替换内容.mp4"拖到"合成 1"面板中，选中"替换内容.mp4"图层，按快捷键 Ctrl+Shift+C，把该图层转为预合成，如图 10-2-9 所示。

小贴士

在跟踪的过程中，如果出现计算错误，则可以跳到错误的帧的位置，然后一帧一帧往后重新计算。

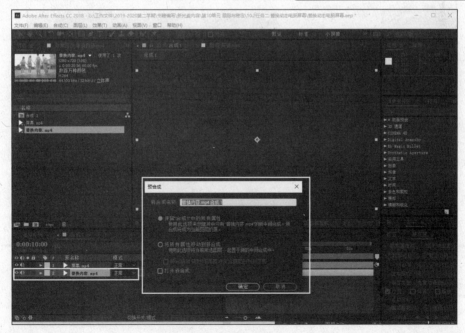

图 10-2-9　转为预合成

11 双击"合成 1"面板中的"屏幕.mp4"图层，单击"跟踪器"面板中的"编辑目标"按钮,弹出"运动目标"对话框,把刚才跟踪出来的信息应用给图层"替换内容.mp4 合成 1",单击"确定"按钮;单击"跟踪器"面板中的"应用"按钮,如图 10-2-10 所示。

图 10-2-10　将运动应用于预合成

12 选中"合成 1"面板中的"屏幕.mp4"图层,选择"效果"→"抠像"→"keylight (1.2)"命令,如图 10-2-11 所示。

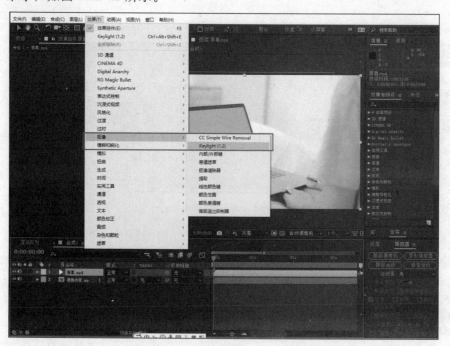

图 10-2-11　选择"效果"→"抠像"→"keylight (1.2)"命令

13 在 keylight 特效控制台中单击"吸管"按钮，对视频素材中的计算机绿色屏幕进行取色，完成素材的抠像，如图 10-2-12 所示。

图 10-1-12　对计算机绿色屏幕进行抠像

14 播放影片，检查跟踪效果，如图 10-2-13 所示，然后渲染导出合成影片。

图 10-1-13　检查影片跟踪效果

15 选择"文件"→"保存"命令，保存视频工程源文件。

16 文件打包。选择"文件"→"整理工程（文件）"→"收集文件"命令即可。

☐ 知识点拨

通过设置跟踪器类型为"透视边角定位"，掌握制作替换动态屏幕的视频效果。

☐ 拓展训练

参照本任务操作方法，制作替换动态屏幕的视频效果。

任务三　消除画面摄像机抖动
——使用稳定工具处理视频素材

▌ 任务描述

利用 AE 中跟踪器的稳定工具，可以对在拍摄过程中有明显抖动问题的视频素材进行处理。通过跟踪器对视频素材进行数据信息的计算，使用稳定功能重新应用到素材，产生稳定效果。最终把影片导出为 MOV 格式的影片。利用跟踪器的稳定工具处理视频素材，如图 10-3-1 所示。

图 10-3-1　利用跟踪器的稳定工具处理视频素材

任务实现

01 启动 AE。

02 新建一个项目文件。选择"文件"→"新建"→"新建项目"命令,在新的项目文件中编辑、制作视频。

03 导入素材。选择"文件"→"导入"→"文件"命令,在弹出的"导入文件"对话框中选择需要导入的素材,把需要用到的素材导入项目文件中,如图 10-3-2 所示。

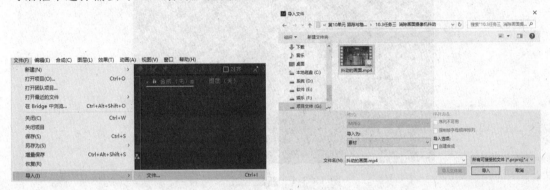

图 10-3-2 导入素材

04 在项目文件中查看素材文件。在图 10-3-2 中单击"导入"按钮,把素材导入"项目"面板上,如图 10-3-3 所示。

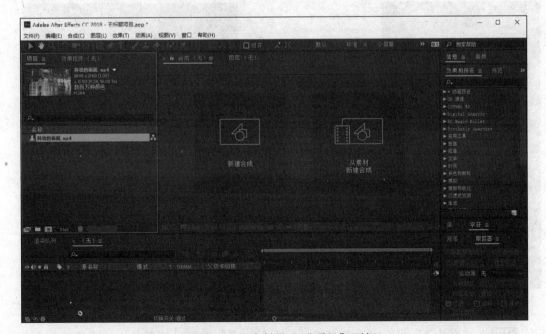

图 10-3-3 将素材导入"项目"面板

05 新建一个合成。在"项目"面板下方单击"新建合成"按钮,新建一个合成;或者选择"合成"→"新建合成"命令,在弹出的"合成设置"对话框中设置"合成名称"为"合成 1"，合成视频画面宽度为 1280 像素（px）、高度为 720 像素（px），持续时间为 8 秒，如图 10-3-4 所示。

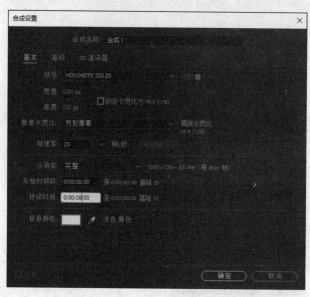

图 10-3-4 新建合成

06 把素材"抖动的画面.mp4"拖到"合成 1"面板中。在窗口中激活"跟踪器"面板（选择"窗口"→"跟踪器"命令），如图 10-3-5 所示。

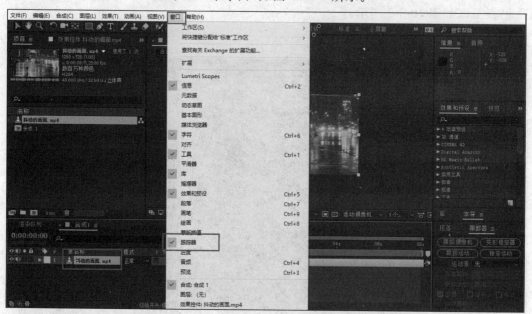

图 10-3-5 选择"窗口"→"跟踪器"命令

07 在"合成 1"面板中选中"抖动的画面.mp4"图层，然后单击"跟踪器"面板中的"稳定运动"按钮。在"合成"窗口画面中间会出现一个跟踪点，勾选跟踪类型下方的"旋转"复选框，同时跟踪点变成了两个，如图 10-3-6 所示。

图 10-3-6　激活旋转信息

08 检查确定素材中的时间线位于第 0 秒处,把计算机生成的两个跟踪点分别移到屏幕中的灯光明暗交界清晰的地方,如图 10-3-7 所示。

图 10-3-7　移动找到跟踪的参考点

09 单击"跟踪器"面板中的"向前跟踪"按钮,开始分析数据。注意:当时间线面板中的时间线移到第 8 秒时停止跟踪(单击"停止跟踪"按钮■),即可得到第 0~8 秒的跟踪数据,如图 10-3-8 所示。

图 10-3-8 计算出跟踪数据

10 单击"跟踪器"面板中的"编辑目标"按钮。把刚才跟踪出来的信息应用给图层"抖动的画面.mp4"，单击"确定"按钮，然后单击"跟踪器"面板中的"应用"按钮，如图 10-3-9 所示。

图 10-3-9 将运动应用于图层

11 选中"合成 1"面板中的"抖动的画面.mp4"图层，按快捷键 S，调出图层的"缩放"属性，放大视频，如图 10-3-10 所示。

图 10-3-10 调整图层的"缩放"属性

12 播放影片，检查跟踪效果。渲染导出合成影片。

13 选择"文件"→"保存"命令，保存视频工程源文件。

14 文件打包。选择"文件"→"整理工程（文件）"→"收集文件"命令即可打包文件。

知识点拨

通过本任务的学习，掌握使用跟踪器中的"稳定跟踪"工具，制作消除视频画面中的摄像机抖动的视频效果。

拓展训练

参照本任务操作方法，制作消除视频画面中的抖动效果。

单元小结

通过本单元的学习，掌握对素材进行跟踪与稳定的方法。通过对素材进行多种方法的跟踪处理，得到相应的跟踪数据，并应用到相应的图层中，分别实现头部跟踪动画、画面替换动画、消除摄像机画面抖动的效果。

单元练习

一、判断题

1. AE 中跟踪与稳定使用的原理是不一样的。 （   ）
2. 跟踪的类型只有 3 种。 （   ）
3. 使用稳定时，只能选择"位置"属性。 （   ）
4. AE 中的跟踪能计算出画面中的三维信息。 （   ）

二、填空题

1. 在"跟踪器"面板中，▶图标是_____按钮。
2. 得到跟踪数据后，编辑目标后需要单击_____，才能把信息传递给目标图层。

参 考 文 献

曹金元，2009．After Effects CS4 影视特效风暴[M]．北京：北京科海电子出版社．

骆舒，2010．After Effects CS4 影视栏目包装特效完美表现[M]．北京：清华大学出版社．

沈洁，2019．After Effects CC 2018 高手成长之路[M]．北京：清华大学出版社．

袁素玉，2010．iLike 就业 After Effects CS4 多功能教材[M]．北京：电子工业出版社．

附　　录

Adobe After Effects CC 2018 中的常用快捷键

序号	操作	快捷键	序号	操作	快捷键
1	开始/停止播放	空格	19	显示/隐藏相机	Shift+C
2	RAM 预视	0（数字键盘）	20	工具箱	Ctrl+1
3	每隔一帧的 RAM 预视	Shift+0（数字键盘）	21	"信息"面板	Ctrl+2
4	锁定/释放参考线锁定	Ctrl+Alt+Shift+;	22	时间控制面板	Ctrl+3
5	从当前时间点预视音频	.（数字键盘）	23	"音频"面板	Ctrl+4
6	显示/隐藏网格	Ctrl+'	24	导入一个素材文件	Ctrl+I
7	显示/隐藏对称网格	Alt+'	25	新合成图像	Ctrl+N
8	快速视频	Alt+拖动当前时间标记	26	保存	Ctrl+S
9	快速音频	Ctrl+拖动当前时间标记	27	制作影片	Ctrl+M
10	创建新的固态层	Ctrl+Y	28	渲染配置	Shift+R/F10
11	缩放窗口	Ctrl+/-	29	位置	P
12	暂停修改窗口	大写键	30	旋转	R
13	显示/隐藏所有面板	Tab	31	缩放	S
14	时间标记为工作区开始	B	32	不透明度	T
15	时间标记为工作区结束	N	33	效果	E
16	打开渲染队列窗口	Ctrl+Alt+O	34	遮罩羽化	F
17	显示/隐藏粒子系统	Shift+L	35	遮罩形状	M
18	显示/隐藏光源	Shift+L	36	"项目"面板	Ctrl+0